2
교양수학
시리즈

프랙탈의 기초

김인경 지음

KYOWOO

머리말

이전의 '암호의 기초'에 이어 '프랙탈의 기초'를 소개하고자 한다. 암호와 마찬가지로, 우리 주변에 널리 퍼져있고, 많이 사용하고 있으면서도 쉽게 깨닫지 못하고 사용하여온 프랙탈에 대해 설명하고자 한다. 이 책 역시 대학교양 교재로서, 전문적인 내용을 많이 다루기보다는 기초적이고 교양적인 측면에서 쓰여졌음을 밝힌다. 무엇보다 지난 '암호의 기초'와 마찬가지로, 학생들이 직접 그려보고 풀어볼 수 있는 활동지 형식에 초점을 두었다. 특히, 1장의 4. 여러 가지 프랙탈에서 다양한 프랙탈을 직접 다루어보고 살펴보는 형식으로 구성하였다. 그리고 이를 확인할 수 있도록 정답풀이를 첨부하였다.

이 책은 주제인 프랙탈과 프랙탈 설명에 빠뜨릴 수 없는 카오스와 복잡성으로 구성되어있다. 1장에는 프랙탈의 정의와 대표적인 특징인 자기유사성과 프랙탈 차원인 소수차원을 설명하였고, 그 외의 여러 가지 프랙탈의 특징들에 대해서도 설명하였다. 그리고 우리 주변에서 찾아볼 수 있는 프랙탈을 소개하였다. 또한, 프랙탈의 대표적인 예들을 직접 그려보고, 특징을 찾아볼 수 있도록 활동지 형식으로 제시하였다. 2장에는 카오스와 복잡성 이론에 관해 설명하였다. 이 모든 내용은 전문적인 심오한 내용을 다루기보다 기초적인 수준에서 누구나 설명을 이해할 수 있는 수준으로 다루었다.

이 책을 통하여 수학을 멀리하거나 수학이라는 말만 들어도 소름끼쳐하는 초등학생, 중학생, 고등학생뿐만 아니라, 이제 수학과 관계되는 일은 없다고 생각하는 대학생들, 그리고 수학이란 나와는 먼 이야기라고 생각하는 모든 사람들에게 조금이나마 수학이 낯설지 않은 대상이 되길 바란다. 뿐만 아니라 수학에 관심은 있지만 왠지 다가가기 힘든 대상이라고 생각하는 사람들에게도 좋은 친구가 되길 바란다.

2016년 11월

우암산 자락에서 저자

차례

I. 프랙탈

II. 카오스와 복잡성

제1장

프랙탈

1. 프랙탈(Fractal)
2. 프랙탈의 특징
3. 우리 주변의 프랙탈
4. 여러 가지 프랙탈

I. 프랙탈

1 프랙탈(Fractal)

프랙탈이란 용어는 학교를 다닌 사람이라면 누구나 한번쯤은 들어보았을 것이다. 의식하지 못하였을 수도 있지만, 프랙탈에 관련된 내용은 초등학교 때부터 등장한다. 그 이후에도 중·고등학교 교과서에서 읽을거리, 생활 속의 수학 등의 여러 가지 항목으로 종종 등장하는 내용이다. 사실 프랙탈은 교육과정 내용상에서 명확히 정해진 내용으로 등장하지는 않지만, 여러 가지 형태로 교과서에 첨부되어 있다. 뿐만 아니라 우리가 의식하지 못하였을 뿐 일상생활에서도 많이 보았고, 또 사용해 왔다. 그럼에도 불구하고, 우리가 선뜻 알고 있는 내용이라고 말하지 못하는 이유는 세부적으로 상세하게 다루어 본 적이 없어서일 것이다. 이제 우리는 프랙탈에 관한 기본적이고 기초적인 내용을 세부적으로 살펴볼 것이다. 프랙탈이 무엇인지, 또 어떤 특징을 가지고 있는지 살펴보면서, 프랙탈을 우리 주변에서 찾아보고 여러 가지 프랙탈을 직접 그려도 볼 것이다. 더 나아가 카오스와 복잡성에 대해서도 살펴볼 것이다. 먼저, 프랙탈이 어떻게 나타나게 되었고, 무엇을 프랙탈이라고 하는지 살펴보자.

(1) 프랙탈의 기원과 정의

▌프랙탈의 기원

프랙탈은 1975년 만델브로(Benoit Mandelbrot, 1924~2010)에 의해 유클리드 기하로는 설명할 수 없는 해안선, 나무, 강의 모양 등 자연현상이나 도형을 나타내고 이해하기 위한 수단으로 만들어졌다. 만델브로는 영국의 생리학자인 리처드슨(Louis Richardson)이 죽은

후에 발표된 논문에서 영국 해안선 길이 문제를 우연히 발견하였다. 영국의 해안선은 우리나라의 서해안처럼 리아스식 해안이다. 이 해안에 대해 만델브로는 "영국 해안선의 길이는 얼마나 될까?"라는 물음에 고민했다. 이 울퉁불퉁한 해안선은 자의 눈금의 크기에 따라 전체 해안선의 길이가 달라졌기 때문이다(이경희, 2004). 그래서 그는 유클리드 기하에서 다루는 점, 직선, 곡선, 원, 구, 다각형 등의 단순한 개념으로는 자연의 복잡성을 나타낼 수 없음을 깨닫고, 울퉁불퉁하고, 거칠거칠한 자연현상이나 도형을 설명할 수 있는 새로운 기하인 프랙탈을 생각하게 되었다(김순덕, 1994). 그래서 1975년 만델브로는 수학 및 자연계의 비정규적인 패턴에 대한 체계적 고찰을 담은 자신의 논문 제목으로 프랙탈이란 말을 만들었다(임명일, 2004).

사실 프랙탈과 관련된 연구는 1800년대부터 이루어졌다. 이탈리아의 페아노(Peano)가 정사각형의 면을 완전히 메워버리는 연속곡선인 페아노 곡선을, 독일의 칸토어(Cantor)가 조각의 수는 무한이지만 전체의 길이는 0인 칸토어 집합을, 바이어슈트라스(Weierstrass)가 모든 점에서 연속이면서 미분불가능한 곡선을, 하우스돌프(Hausdorff)가 하우스돌프 차원을 발견하였다. 또한, 1906년 스웨덴의 수학자 코흐(von Koch)는 정삼각형에서 각 변을 삼등분하고, 중앙의 $\frac{1}{3}$에 한 변의 길이가 원래의 길이의 $\frac{1}{3}$인 정삼각형을 무한히 만들어가면서 얻어지는 코흐 눈송이를 만들었다. 이 당시에는 이러한 것들을 '자연에서 발견된 것처럼 보이지 않는 병리적인 것(이경희, 2004)', 즉 병적인(pathological) 대상으로 취급하여 포앙카레(Poincare)는 '괴물들의 전시회'라고 불렀고, 수학이나 과학에서는 중요한 것으로 여기지 않았었다. 그 뒤 몇 가지 이런 종류의 곡선이 더 발견되었고, 만델브로가 기괴한 곡선들을 생성해내는 법칙을 찾아냈다. 그 법칙에 의해 이제까지는 '무질서'라고 밖에 설명될 수 없었던 여러 가지 현상들 속의 질서를 설명하여 주목받기 시작하였다(인영은, 2006; 황현진, 2009).

만델브로는 "구름은 구가 아니고, 산은 원뿔이 아니며, 해안선은 원이 아니다. 또한 나무껍질은 매끄럽지 않으며, 빛은 직선으로 나아가지 않는다"라고 말했다. 그는 컴퓨터의 도움으로 자연에 존재하는 프랙탈을 찾아 나섰으며, 결국 '만델브로 집합'으로 불리는 프랙탈들을 만들어내게 되었다(이영기, 2012). 그 외에도 만델브로는 서로 전혀 연관성이 없어 보이는 다양한 주제들을 연구했다. 예를 들면, 전화선에서 나는 잡음과 섬유시장의 경기 변동, 언어학과의 상관관계를 연구하였다(이영기, 2012). 또 경제학에서는 가격변동, 소득분포 등과 같은 경제현상을 설명하기 위해, 공학에서는 소음이 나는 현상을 분석하기 위해, 압축기술을 개발하기 위해, 과학에서는 브라운 운동과 같은 불규칙한 입자의 운동을 설명하거나 은하의 분포를 설명하기 위해 프랙탈이 이용된다. 미술에서도 프랙탈을 이용한 타일링이나 새로운 디자인 개발에 이용되고 있다(인영은, 2006; 황현진, 2009). 더 나아가, 오늘날 프랙탈 연구는 강철의 강도, 폐의 성장, 파킨슨병에 걸린 환자의 걸음걸이 패턴, 건강한 심장의 박동수, 자연재해의 위치와 발생 시기를 예상하고 진단하는 데 이용되는 등 응용 범위가 엄청나게 넓어지고 있다. 또 아프리카 미술과 건축, 디지털 예술과 애니메이션, 작곡 같은 예술 분야에서도 프랙탈이 응용되고 있다(이영기, 2012).

프랙탈의 정의

프랙탈은 하나로 정의된 공식적인 개념은 아직 없지만, 학자들이 제시한 프랙탈의 정의를 살펴보면 다음과 같다. 먼저, 만델브로는 "프랙탈이론은 자기유사성(self-similarity)과 재귀성(recursiveness)으로 요약되며, 부분이 전체를 대변하고 전체는 부분의 또 다른 일부분이다"라고 말하였다. 칸토어는 "프랙탈은 부분이 전체를 모두 담고 있다(박찬정, 2009)"라고 하였다. 우리나라 학자들도 프랙탈을 정의하였는데, 김세정(2009)은 "프랙탈 이론이란 축적에 의해 무한히 작은 데에 이르기까지 자기유사성을 갖는 비정수차원의 복잡한 기하학적 물체라고 정의할 수 있다"라고 하였다. 이를 정성적, 정량적으로도 정의할 수 있는데, 홍영란(2005)은 "프랙탈은 무한의 카오스를 표현하는 새로운 이론이며, 우주의 본질을 완전히 새로운 접근방법으로 이해하는 정성적 수단이 되었다"라고 하였고, 김태균(2010)은 "프랙탈은 자연계의 구조적 불규칙성을 기술하고 분석할 수 있는 새로운 기하학, 한마디로 카오스 현상을 정량적으로 기술할 수 있는 하나의 언어이다"라고 하였다. 대다수의 학자들이 정의하는 프랙탈을 종합해보면, "대상의 일부를 확대한 부분과 대상 전체가 똑같은 모양을 지니고 있는, 즉 자기유사성을 갖는 기하학적 구조를 말한다(박찬정, 2009)"고 할 수 있다.

프랙탈은 만델브로가 '프랙탈한 대상 모양, 우연, 차원'이라는 책을 출판하면서 세상에 알려지게 되었다. 그 기본적 개념은 '물체를 아무리 크게 하거나 세분한다 하더라도 본래 물체가 가지고 있던 모습이 계속 유지된다는 이론'이라고 볼 수 있다. 즉, 프랙탈이란 전체를 부분으로 나누었을 때, 부분 안에 전체의 모습을 갖는 무한단계에서의 기하도형을 말한다(류시천, 윤찬종, 2001).

▌프랙탈이란 용어

1975년 만델브로는 그의 책 「The Fractal of Nature」의 서문에서 프랙탈이란 용어를 처음 사용하였다. 그는 프랙탈을 다음과 같이 정의했다. "나는 새로운 자연의 기하학에 대하여 착상하고 발전시킨다. 그리고 그것의 사용은 다수의 다른 분야에서도 적용될 것이다. 그것은 우리를 둘러싸고 있는 많은 불규칙적이고 파편화된 패턴이라고 말할 수 있고, 동일한 형태의 집합에 의해서 완성된 이론으로 이끌 수 있다. 나는 이것을 프랙탈이라 부른다" 만델브로의 말처럼 프랙탈은 불규칙적이고 무질서해 보인다. 하지만 이 복잡함 속에는 간단한 규칙들이 내포되어 있다. 이는 복잡한 구조 속의 작은 부분은 전체 구조와 같은 복잡한 구조를 포함한다는 것이다(홍영란, 2005). 예를 들어, 코흐 눈송이를 만들 때 적용된 원리는 단순하다. 즉, 무한한 반복과 재귀이다. 그래서 코흐 눈송이 둘레는 결코 매끄러워지는 법이 없다. 만델브로는 바로 이 점에 주목했다. 양치식물의 잎이든 혈관이든 실제 세계의 사물들은 표면과 둘레가 결코 매끄럽지 않다. 이런 사물들을 세밀하게 계속 확대해 나가면 둘레의 길이는 무한해지고 세부적인 모양도 무한히 다르게 나타날 것이다. 만델브로는 무엇보다 유클리드 기하학을 받치고 있는 '매끄러움'이 사라진다는 점이 가장 중요하다고 보았다. 만델브로는 세부로 확대해 갈수록 무한히 새롭게 얻어지는 이런 도형들을 가리켜 '프랙탈'이라고 불렀다(이영기, 2012).

프랙탈이란 용어는 만델브로가 '불규칙적 형상의 집합(family of irregular shapes)'을 정의하기 위해 사용한 언어로, 라틴어 프락투스(fractus)를 어원으로 하고 있고, 분해, 해체의 개념을 내포하고 있다(김세정, 2009). 즉, 프랙탈은 라틴어에서 '부서지다'라는 뜻의 동사 'frangere'에서 파생한 형용사 'fractus'에서 그 어원을 찾을 수 있다. fractus란 '온전한 것이 아닌', '어중간한' 뜻으로 어원이 같은 영어 단어 'fracture(부서지기)'와 'fraction(분수)'의 어감도 적절한 것으로 생각했다. 만델브로는 영어임과 동시에 불어이고, 명사이자 형용사인 'fractal(프랙탈)'을 만들었다(이경희, 2004, 참고).

프랙탈은 그리스어로 '무한'을 나타내는 '아페이론'에서의 무질서하다는 의미도 가지고 있다. 우주를 조화롭고 질서 있는 '코스모스(cosmos : 통일적인 질서 세계)'로 여겼던 그리스인들이 그 반대의 뜻인 '아페이론'에 거부 반응을 보인 것은 당연하다. 그래서 유클리드 기하학의 맥을 이은 전통 수학에서는 무한을 공포의 대상으로 기피하였다. 그러나 현대는 크게는 전 우주, 작게는 미생물 또는 소립자의 세계까지 파고드는, 무한에 적극적으로 도전하는 시대이다(김용운, 김용국, 1992). 그리하여 프랙탈은 컴퓨터 과학자에게는 새로운 시각적 세계를 탐구, 창조, 건설할 수 있는 풍부한 환경을 제공하고, 학습자에게는 수학을 과거 역사로부터 21세기로 이끌어 주는 데 도움이 될 것이다(Peitgen, Jurgens & Sarpe, 1992). 현재 프랙탈을 흔히 '카오스의 수학'이라고 부른다. 하지만 프랙탈은 아주 단순한 규칙에 기초해 있으며 예측하기가 힘들기는 하지만 혼란스러운 것은 아니다. 따라서 '카오스'라는 이름이 주는 이미지와는 거리가 멀다고 할 수 있다(이영기, 2012). 그래서 우리는 프랙탈과 카오스를 분리해서 다루어볼 것이다.

프랙탈과 유클리드 기하 비교

프랙탈이 나타나게 된 배경은 기존의 유클리드 차원으로 자연현상이나 자연 상태를 잘 표현하기 힘들었기 때문이다. 실제로 프랙탈 기하가 어떻게 유클리드 기하와 다른지 살펴보자.

코흐의 눈송이는 한동안 수학적으로 기이한 현상이라고만 치부될 뿐 본격적으로 연구되지는 않았다. 그러다 만델브로가 리차드슨이 쓴 논문에 주목하면서 더불어 각광을 받기 시작했다. 리처드슨은 1961년 <영국에 있는 해안선의 길이는 얼마나 될까?>라는 제목의 논문을 발표했다. 이 논문에서 그는 해안선의 길이를 재는데 코흐의 눈송이 둘레를 재는 방식을 적용했다. 해안선을 세세하게 확대해 갈수록 해안선의 길이는 더 정확하게 측정된다고 할 수 있다. 또 그만큼 해안선의 길이도 늘어난다(그림 1. 참고). 예컨대 위성에서 찍은 사진에 근거해서 측정한 해안선 길이는 해안도로를 따라 차로 달리면서 측정한 길이와는 다르다. 당연히 후자가 더 정확하고 길이도 길다. 하지만 해안선을 일일이 걸어서 측정한다면 차로 달려서 잰 것보다 더 정확하고 길이도 늘어날 것이다. 만약 개미가 해안선을 따라 측정할 수 있다면 어떻게 될까? 훨씬 더 작은 단위로 길이를 재고 당연히 해안선 길이도 길어질 것이다(이영기, 2012).

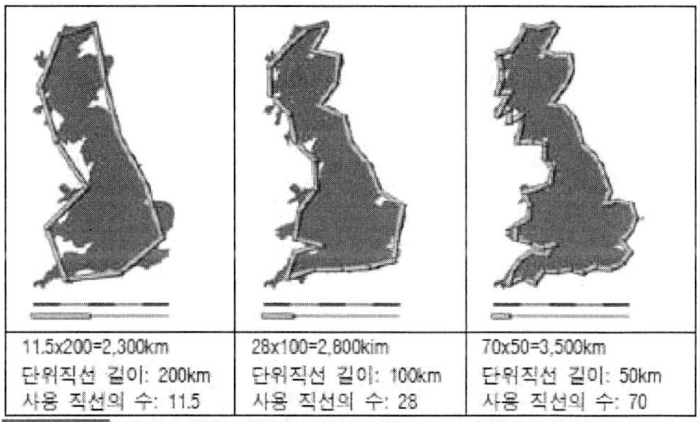

그림 1 자의 길이에 따른 영국 해안선의 길이(박찬정, 2009)

더 정밀하게 측정할수록 이전에 잴 수 없던 곳까지 재게 되어 길이는 '무한'을 향해 증가해간다. 리처드슨은 이 길이를 정의할 수 없다고 결론지었다. 리처드슨은 측정한 자의 크기와 그 때의 해안선의 길이를 로그로 나타낸 것에 대해 그래프로 제시했는데, 만델브로는 이 그래프의 기울기가 해안선의 하우스돌프 차원과 같다는 것을 알았다. 이것은 해안선의 구불구불한 정도를 측정한 것과 같다. 결국 그는 1967년 사이언스지에 '영국의 해안선은 얼마나 길까?'라는 논문을 통해 프랙탈 이론을 발표했다(최윤선, 2009).

유클리드 기하의 곡선은 확대하면 확대할수록 직선에 가까워지고, 구는 평면에 가까워진다. 이와 달리 '해안선, 산, 구름'들을 조사해보면, 표면상의 울퉁불퉁한 것들이 내부로 들어가도 그대로 울퉁불퉁함을 간직하고 있다. 유클리드 기하에서는 자연의 형태에 있는 울퉁불퉁함을 잘 설명할 수 없지만 프랙탈은 그러한 울퉁불퉁함을 설명해 줄 수 있는 수단이 된다(김순덕, 1994).

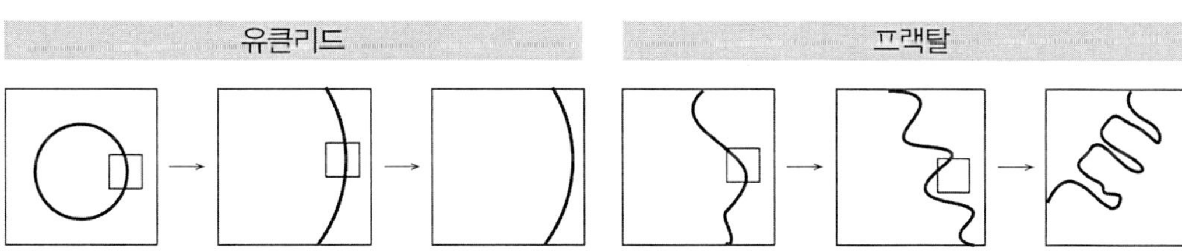

이러한 유클리드 기하와 프랙탈 기하를 비교하여 표로 정리하면 다음과 같다. 기존의 유클리드 기하에서 설명할 수 없는 내용들 때문에 등장한 프랙탈 기하이기 때문에 유클리드기하와 프랙탈 기하의 차이점을 제시해 두었다.

[표 1] 유클리드 기하학과 프랙탈 기하학의 비교(최정남, 2003)

유클리드 기하학	프랙탈 기하학
전통적인 수학적 기하 (2000년 전부터 계속 연구)	현대의 monster (현대의 과학에서 연구)
어떤 특정한 크기나 크기조절을 갖는다	특정한 크기 또는 크기조절을 갖지 않는다
선, 원, 사각형 등 매끄러운 선을 묘사하는 데 적합 (인간이 만든 object)	자연 현상과 불규칙적인 형상을 묘사하는 데 적합
공식에 의해 묘사	귀납적인 알고리즘에 의해 묘사 (무한번의 시행)
단순한 차원을 가짐(정수차원)	분수(소수)차원, 비정수 차원을 가짐

프랙탈의 종류 및 속성

프랙탈은 몇 가지 기준으로 나누어 분류할 수 있다. 이론적 개념, 자기유사성, 결정론적인 측면 등으로 기준을 정하여 분류하여 보았다. 먼저 이론적 개념으로 프랙탈을 분류하면 크게 네 가지로 나눌 수 있다.

첫째, 재귀함수계(Iterated function system)이다. 이는 기하학적인 법칙에 의해서 만들어진 프랙탈이다. 칸토어 집합과 시어핀스키 삼각형, 페아노 곡선, 코흐 눈송이 등이 이에 해당된다. 각각의 내용은 '4. 여러 가지 프랙탈'에서 살펴볼 것이다.

둘째, 기이한 끌개(Strange attractor)이다. 이는 주어진 사상이나 방정식의 해를 이용해 초깃값을 반복적으로 변환한 것이며 카오스 이론과 관계된다. 이에 관해서는 'II. 카오스'에서 살펴볼 것이다.

셋째, 시간매개형 프랙탈(Escape-time fractals, 궤도 프랙탈)이다. 이는 대개 복소평면상에서 각각의 점이 발산하는 속도를 색채로 나타낸 것이다. 예로는 만델브로 집합과 줄리아 집합 등이 있다. 이 두 집합은 '4. 여러 가지 프랙탈'에서 자세히 살펴볼 것이다.

넷째, 무작위적 프랙탈(Random fractals)이다. 결정론적이지 않고 확률적인[1] 방법으로 만들어진 것이다(이난희, 2010. 참고).

1) 어떤 변수가 외부의 충격에 의해 확률적으로 변화하는 과정을 따르는 것을 말함

이들 중 기하학적 프랙탈만이, 즉 첫째, 재귀함수계만이 완벽한 자기유사성을 가지고 있다. 반면 만델브로 집합은 느슨하며 '통계적인' 자기유사성을 가지고 있는데, 확대할 때마다 자기 자신의 모습이 변형된 형태로 나타난다. 그래서 프랙탈은 자기유사성의 강도에 따라 두 가지로 나뉠 수도 있다.[2]

- **준-자기유사적 프랙탈(통계학적 프랙탈)** : 자기유사성의 강도가 가장 낮은 것이며 자연에서 찾은 프랙탈처럼 부분과 전체가 대략적으로 비슷한 것이다.
- **완전-자기유사적 프랙탈(규칙적 프랙탈)** : 자기유사성의 강도가 가장 높은 것이며, 부분과 전체의 모양이 정확하게 같다. 규칙적 프랙탈의 예로서 시어핀스키 삼각형과 코흐 곡선이 있다.

이 분류는 결정형 프랙탈과 비결정형 프랙탈로도 설명할 수도 있다. 프랙탈은 전체 집합이 그 집합의 일부분에 비선형적 반복 대응이 되어 얻어지는, 즉 모든 단계에서의 축소-확대 시행에서 기본이 되는 기하학적 패턴을 무한히 반복함으로써 만들어지는 결정형(deterministic) 프랙탈과 무작위 변이의 크기를 통계적으로 자기 유사적으로 배열시킬 수 있다. 이때 작은 부분들을 계속 확대하면 전체 집합과 같은 통계적 분포를 갖는 것으로, 다시 말해 구성과정에서 불규칙한 변형을 포함하는데도 불구하고 작은 부분을 계속 확대하면 통계적으로 전체의 모습을 갖는 비결정형(indeterministic) 프랙탈로 분류할 수 있다. 엄밀한 자기유사성을 갖는 도형들이 결정형 프랙탈의 전형적인 예라 할 수 있는데, 칸토어 집합, 시어핀스키 삼각형, 코흐 눈송이, 페아노 곡선 등을 들 수 있다. 비결정형 프랙탈의 예로는 자연 속의 구름, 산맥, 나무, 해안선의 모습, 고사리 잎사귀, 뇌의 구조 등이 있다(남지희, 2009; 윤정희, 2003, 참고).

프랙탈은 전체의 모습이나 구조가 부분의 구조와 같거나 통계적으로 같다. 여기서, 결정형 프랙탈 도형을 만들려면 최초의 직선이나 도형이 필요하다. 이것을 시초자(initiator)라고 부른다. 여기에 프랙탈 도형을 만드는 규칙이 주어졌을 때 생긴 도형을 생성자(generator)라고 한다. 이 생성자를 무한히 반복하면서 얻기 때문에 프랙탈은 자기유사성을 갖는다. 따라서 부분만 보아도 전체의 모습을 짐작할 수 있다. 그러나 어떤 도형의 구조가 자기유사성을 가진다고 해서 무조건 프랙탈 도형이 되는 것은 아니다. 예를 들면, 선분은 자신과

2) https://ko.wikipedia.org/wiki/%ED%94%84%EB%9E%99%ED%84%B8

똑같은 모양의 작은 선분 몇 개로 분해할 수 있으므로 엄밀한 자기닮음 도형이다. 그러나 선분의 차원은 1로서 소수 차원이 되지 않기 때문에 프랙탈이 되지 않는다(남지희, 2009).

프랙탈을 4가지 속성으로도 분류할 수 있다(서정미, 2010). 첫째, 수학적 견지의 프랙탈이다. 여기서, 프랙탈이란 전체를 부분으로 나누었을 때, 부분 안에 전체의 모습을 갖는 무한단계에서의 기하도형을 말한다. 둘째, 물리적 견지의 프랙탈이다. 물리적 견지의 프랙탈은 수학적 견지와 맥을 같이하고 있으나, 수학적 견지의 프랙탈의 '기하(geometry)' 그 자체에 주안점을 두고 있는 반면 물리적 견지에서는 물리적 세계에 대한 이해와 물리적 세계의 아름다움을 이해, 분석, 기술하는 수단으로 프랙탈에 접근한다. 셋째, 미술적 견지의 프랙탈이다. 미술적 견지에서 프랙탈은 작품 연출 과정상의 '유연한 변형을 만드는 창조적 기재'임과 동시에 '미학적 구성을 창출시키는 새로운 언어'로 이해할 수 있다. 미술이 이미지와 은유를 이용하여 환영을 만드는 과정인 반면, 프랙탈은 수학적 함수를 이용하여 실재를 만드는 과정이다. 미술의 한 장르로 자리매김한 '프랙탈 아트'의 몽환적 형태와 색상의 다채로움은 흡사 테크노의 강렬한 비트처럼 시각적 감흥을 자아내기에 충분하다. 넷째, 철학적 견지의 프랙탈이다. 불교에서의 만다라 구조는 동양철학적 관점에서 프랙탈을 설명하기에 좋은 예이다. 만다라는 가운데 대일여래(大日如來)를 두고 화면 곳곳에 여러 부처를 배치하는데 '일즉다 다즉일(一卽多 多卽一)'[3)]의 철학으로 한결같이 온 누리에 불심을 펼치고자 하고 있다. 즉, '일즉다 다즉일'의 개념은 프랙탈의 '자기유사성'과 '축소에 대한 불변(independent of scale)'의 속성과 관계한다. 혼돈과 질서의 반복적인 패턴이 프랙탈이며 그 속에는 삼라만상이 꿈틀대고 있다. 서양철학에서 혼돈은 코스모스 창조를 위한 수단으로 생각되었으며 이것은 질서와 합리성 위에 바탕을 두고 있다. 철학적 견지에서 프랙탈은 혼돈 속의 질서와 질서 속의 혼돈이 합의를 만드는 논리적-비논리적 대상이며, 자아의 완성을 위한 자기참조(self-reference)와 자기성찰(self-reflection)로 귀결된다(류시천, 윤찬종, 2001).

---

3) <화엄경>에서는 시간, 공간을 초월한 존재로서의 부처를 설명하고 있으며 그 기본사상이 '일즉다 다즉일'이다. 소우주는 대우주와 닮아 있으며, 전 우주의 구조와도 일치한다. 몸 전체의 구조가 손발과 대응한다는 수지침의 원리도 이와 같은 맥락에서 이해할 수 있다.

그림 2 만다라[4)]

(2) 브누아 만델브로(Benoit Mandelbrot)

프랙탈을 말하면서 빠질 수 없는 사람이 바로 만델브로이다. 만델브로는 1924년 바르샤바에서 리투아니아 출신의 유대인 가정에서 태어났다. 1936년, 그의 가족은 유대인 박해를 피해 프랑스로 옮겨 갔다. 어머니는 의사였고 아버지도 학자였으나 만델브로는 2차 대전과 독일군의 침공으로 제대로 된 교육을 받을 기회를 얻지 못했다(이영기, 2012). 그래서 그는 알파벳에 관심이 없었고, 구구단도 5단 이상은 외우지 못했지만, 기하학적 직관력만은 천부적인 재능이 있었다. 대수학 시험에도 마음속에 그림을 그림으로써 해답에 접근하곤 했다. 당연히 기하학과는 거리가 먼 과목은 점수가 낮았고, 수학은 남들이 풀지 않는 자기만의 해법, 즉 기하학의 직감에 의존하여 겨우 낙제 점수를 면했다(이경희, 2004).

전쟁이 끝나자 그는 에콜 폴리테크니크에 들어가 본격적으로 공부하기 시작했고, 1947년부터 1949년까지는 캘리포니아 공과대학에서 항공학을 배웠으며, 다시 파리로 돌아와 수리과학으로 박사학위를 받았다. 1955년 결혼을 하고 스위스 제네바로 옮겼으나 3년 뒤 부인과 함께 미국으로 건너가게 된다. 거기서 만델브로는 IBM연구소에 들어가게 되었고, 학구적이고 여유로운 연구 분위기가 마음에 들어 이후 32년간 IBM에 몸을 담았다. 이 기간

---

4) http://cafe.daum.net/bigmemories/3by/27792?q=%B8%B8%B4%D9%B6%F3&re=1(1992)

동안 하버드 대학의 수학 및 경제학과 초빙 교수를 지내기도 했다(이영기, 2012). IBM을 은퇴한 뒤에는 예일 대학에서 수학을 가르쳤고, 췌장암으로 투병하다가 2010년 10월 14일 세상을 떠났다.[5)]

1975년 만델브로는 「프랙탈한 대상 모양, 우연, 차원」이라는 책을 출판하였는데, 이것은 각각 수학과 과학 세계에 충격을 주었다. 그는 기존의 유클리드 기하에서 설명할 수 없는 울퉁불퉁하고 거칠며, 모난 도형이나 자연현상을 설명하기 위하여 프랙탈이라는 새로운 기하를 만들어냈다(권종오, 2009; 이경희, 2004). 사실 그는 천 년에 걸친 나일강의 수위 기록에도 관심을 가졌고, 10년 동안의 명화 가격이 그려내는 도표 같은 것에 편집광적인 애정을 쏟았다. 자연의 경향성을 밝히려 했고, 사회의 복잡한 메커니즘 속에서 일정한 질서가 있음을 알아내려 했다(이경희, 2004). 이러한 만델브로의 많은 연구들 중에 가장 큰 업적은 자연이 가지고 있는 자기유사성에 대한 연구와 칸토어 집합과 코흐곡선에서도 보여주는 자기유사성이 우리 주변에 널려 있는 자연물에도 존재한다는 위대한 발견이었다. 자기유사성이란 많은 자연물, 예를 들면 나뭇잎, 해안선의 형태, 우리 몸속의 기관지, 구름 모양, 은하 구조 등의 부분을 확대해 보았을 때 전체 모습과 본질적으로 닮았다는 의미이다. 그러나 그것은 단순한 확대나 축소가 아니라 전체를 바라보는 새로운 철학을 제시한 것이다(이경희, 2004).

2 프랙탈의 특징

기존의 유클리드 기하로 설명할 수 없는 부분들을 설명하고자 만들어진 프랙탈은 유클리드 기하와는 다른 많은 특징들을 가지고 있다. 이 장에서는 프랙탈이 가지고 있는 기본적인 특징들을 살펴보고, 중요한 특징들은 자세히 살펴보도록 하자.

5) https://ko.wikipedia.org/wiki/%EB%B8%8C%EB%88%84%EC%95%84_%EB%A7%9D%EB%8D%B8%EB%B8%8C%EB%A1%9C 사진 포함

무한성

프랙탈은 본래 '무한' 개념을 전제로 하고 있다. 프랙탈은 부분 안에 전체의 모습을 볼 수 있는 무한단계에서의 기하학적인 도형이다. 즉, 프랙탈은 무한을 눈으로 볼 수 있게 하여 궁극적으로 무한을 기하학적으로 나타내어 다루는 새로운 무한 수학의 영역을 시작하게 한다(김용운, 김용국, 1998). 하지만 가끔 프랙탈이 유한이라고 착각하는 경우가 있다. 원래의 프랙탈은 무한인데 우리가 시초자에서 생성자를 적용하여 만들어가는 단계는 유한에서 시작하기 때문이다. 이 유한단계에서 출발하여 무한단계에 도달한 것이 바로 프랙탈이다. 사실 그래서 프랙탈의 그림들은 우리가 정확히 그릴 수가 없는데, 이는 무한 단계로 나아간 상황을 그릴 수가 없기 때문이다.

프랙탈의 기본적인 특징

프랙탈의 특징하면 일반적으로 떠올리는 것들이 있다. 바로 자기유사성과 소수 차원이다. 이를 중심으로 학자들마다 제시하는 프랙탈의 기본적인 특징을 살펴보자. Bedford (1998)가 제시하는 프랙탈의 성질은 다음과 같다. 첫째, 프랙탈은 자세한 구조를 가지고 있다. 즉, 임의의 작은 크기를 상세하게 열거한다. 둘째, 프랙탈은 보통 단순한 귀납과정으로 결정된다. 셋째, 프랙탈은 전통적인 기하학적 언어로 설명하기에는 너무 불규칙하다. 넷째, 프랙탈은 자기유사성의 형태를 띤다. 다섯째, 프랙탈은 프랙탈 차원을 가진다(Bedford, 1998). 여기서 넷째와 다섯째는 기본적인 특징으로 제시하였다. 프랙탈 차원이 소수 차원과 같은 말이기 때문이다. 셋째에서 말하는 전통적인 기하학적 언어는 아마도 유클리드 기하학일 것이다. 그래서 유클리드 기하학으로 설명하기는 힘들기 때문에 프랙탈이 매우 불규칙하다고 말한 것이라고 본다. 하지만 완전히 불규칙한 것만 있는 것은 아니다. 첫째의 자세한 구조는 시초자와 생성자를 이용한 반복적 구조라면 이해할 수 있을 것이다. 둘째의 귀납과정 역시 시초자에서 생성자를 이용하여 무한히 반복하여 이르게 되는 것이 프랙탈을 나타낸다는 것을 설명한다고 볼 수 있을 것이다.

국내학자들이 많이 언급한 프랙탈의 특징은 이 Bedford의 서술을 바탕으로 하고 있다고 볼 수 있다. 국내학자들이 제시하는 특징은 대략적으로 다음과 같이 요약될 수 있다(김세정, 2009; 윤정희, 2003; 임명일, 2004; 홍영란, 2005). 첫째, 무한하게 세분된다. 둘째, 무한한 길이를 가진다. 셋째, 대부분 정수가 아닌 차원(프랙탈 차원)을 가진다. 넷째, 규모가

작아지는 방향으로 스스로 닮아간다. 다섯째, 간단한 반복 작업을 계속하여 만들 수 있다. 첫째, 셋째, 넷째는 Benford가 제시한 것과 동일하다고 볼 수 있다. 여기서, 넷째는 자기유사성이라고 볼 수 있다. 다른 것은 둘째 무한성과 다섯째 재귀(iteration)라고 볼 수 있다. 처음에 언급한 것처럼 무한성은 프랙탈의 기본 성질이라고 볼 수 있다. 재귀는 반복이라고도 번역이 되는데 정확한 용어로는 재귀라고 한다. 이 재귀는 되풀이, 반복, 순환, 회귀 등을 포함한다고 볼 수 있다. 이에 대한 자세한 설명은 뒤에서 다시 언급할 것이다.

▌결정형 프랙탈과 비결정형 프랙탈

앞에서 언급한 것처럼 자기유사성을 기준으로 프랙탈을 크게 두 가지로 나누었다. 하나는 자신의 모양을 몇 단계를 걸쳐서 재귀적으로 수학적 규칙에 따라 축소시키고 회전시켜 만들어지는 결정형 프랙탈이고, 다른 하나는 형상의 일부분을 계속 확대할 때 전체 모습과 통계적으로 유사한 형상을 갖는 비결정형 프랙탈이다(김태균, 2010). 다시 말해, 결정론적 프랙탈은 모든 축도에 대하여 기본이 되는 기하적인 패턴을 반복함으로써 만들어진다. 엄밀한 자기닮음인 대상들이 바로 이러한 결정론적 프랙탈인데, 예를 들면, 코흐곡선이나 시어핀스키 삼각형, 페아노 곡선 등을 들 수 있다. 비결정론적 프랙탈은 구성과정에서 불규칙한 변형을 포함하는데, 그럼에도 불구하고 세부를 계속 확대하면 전체의 모습을 보여준다. 이러한 유형의 프랙탈은 구름, 고사리 잎사귀, 해안선이나 산 등을 모델링하는 데 사용될 수 있다(Peitgen, 1991 : 이현아, 2004, 재인용). 결정론적 프랙탈은 다르게 표현해서 사람이 만든 것처럼 부분과 전체의 모양이 정확하게 같은 프랙탈이므로 규칙적 프랙탈로 부르기도 한다. 그리고 비결정론적 프랙탈도 자연에서 찾은 프랙탈과 같이 부분과 전체의 모양이 대략적으로 비슷한 프랙탈로 통계학적 프랙탈이라고 부르기도 한다. 이제 수학적으로 결정론과 비결정론을 비교하여 살펴보자.

일정한 속도로 물이 나오는 수도꼭지에서 1시간에 $0.4l$의 비율로 물이 나온다고 하자(한명수, 1993). 이 수조에는 이미 $9l$의 물이 있었다고 하고 수도꼭지에서 물을 흐르게 하면, t시간 후의 수조의 수량 v를 식으로 나타내면 $v=0.4t+9$가 된다. 이때 다음과 같은 규칙이 성립한다.

1. 초깃값을 하나로 정해두면 t에서의 값은 단 하나가 결정된다.
2. 초깃값의 값을 조금 변화시킨다. 예를 들면 지금까지 $0.4l$였던 것을 $0.42l$로 한다. 이때 같은 법칙을 사용하여 얻은 t시간 후의 v값은 조금밖에 변하지 않는다.

선형 법칙은 이 두 가지 성질을 언제까지나 지닌다. 첫 번째 성질을 가진 법칙을 보통 결정론적 법칙이라고 한다. 그런데 이러한 1.의 성질은 반드시 선형 법칙만 가진 성질이 아니다. 예를 들면 흔히 예로 드는 세균의 증식인 경우에도, 이 경우에는 비선형이라고도 생각되지만 역시 결정론적 법칙이다. 예를 들면, 한 마리의 세균(이 경우에는 이 한 마리의 1이 초깃값)이 분열하여 1분간 두 마리로 나눠지는 경우에 n분 경과한 뒤에 세균의 개체 수 P는

$$P = 2^n$$

이라는 법칙으로 정해진다. 이 경우는 초깃값을 1로 하였을 때이고, 이를 변화시켜 처음에 a마리 있고 그 모두가 분열하여 2배, 4배로 늘어나는 경우는

$$P = a \cdot 2^n$$

이 된다. 따라서 초깃값 a를 주고 시간 n을 정하면 법칙은 선형은 아니지만 초깃값에 대해서 단 하나의 답 P가 결정된다. 따라서 이것도 결정론적인 법칙이라고 할 수 있다. 제2의 성질도 성립한다.

그렇다면, 비결정론적이라고 부르는 법칙이란 어떤 것인가? 가장 대표적인 예는 동전던지기와 주사위던지기가 있다. 동전던지기에 대해서 설명하면 다음과 같다.

지금 1개의 동전이 있다고 하고, 이것을 몇 번이나 던지는 것을 되풀이한다. 1회에 던졌을 때 앞이었다고 하고 이것을 초깃값이라고 생각한다. 2회에 앞이 나오는지 뒤가 나오는지는 전혀 예측할 수 없다. 만일 이 동전이 공평하게 만들어졌다면 앞이 나오는 확률과 뒤가 나오는 확률은 똑같이 2분의 1이라고 생각할 수 있다.

단지 흔히 말하는 것은 확률을 생각하여 2회에 앞이 나오는 확률이라거나, 1, 2회 연속으로 앞이 나오는 확률 등을 계산할 수 있다. 그러나 이것과 지금까지 얘기한 결정론적인 법칙과는 전혀 다르다고 생각된다. 지금의 동전던지기 예에서는 1회에 앞이 나오는 것(초깃값)에서 결코 n회에 앞이 나오는지 뒤가 나오는지는 확정할 수 없다. 이렇게 초깃값으

로부터 장래의 상태를 확정적으로 결정할 수 없는 법칙도 있다. 법칙이라고 해서는 안 되겠지만, 확정되지 않아도 확률적으로는 추정되므로 확률적 법칙, 스터캐스틱(stochastic)한 법칙이라고도 부른다. 또는 랜덤(random)한 법칙이라고도 한다(한명수, 1993).

이 결정형과 비결정형 중에서 특히 결정형 프랙탈 도형은 다음과 같은 특성을 가진다(윤정희, 2003; 임명일, 2004).

첫째, 프랙탈은 자연의 모습과 비슷한 형태를 보여준다. 자연의 불규칙하고 복잡한 모습처럼 프랙탈 형상들은 복잡하게 서로 엉켜있고, 때론 부서져 있는 것처럼 보인다. 유클리드 기하학이 자와 컴퍼스로 그리는 단순하고 매끈한 인공의 기하학이라면, 프랙탈 기하학은 자연스러운 자연의 모습을 그대로 묘사하고 해석하는 자연의 기하학인 것이다.

둘째, 자기유사성을 들 수 있다. 즉, 전체의 모습이나 구조가 부분의 구조와 같다는 것이다. 프랙탈은 전체에서 볼 수 있는 것과 그 전체의 부분에서 볼 수 있는 것의 관계를 보여준다.

셋째, 프랙탈 형상들은 1차원, 2차원이 아닌 소수 차원에서 나타난다는 것이다. 예를 들어, 유한한 면적에 무한한 길이를 가지고 있는 코흐 곡선은 공간을 채운다. 이것은 선 이상의 것이지만 평면 이하의 것이다. 그래서 코흐 곡선의 차원은 약 1.26차원이며, 칸토어 집합의 차원은 약 0.63이다.

사실 비결정형 프랙탈은 몇 가지 특징으로 설명하기가 힘들다. 각 대상마다 다양한 특징을 가지고 있기 때문이다. 그래서 결정형 프랙탈과 비결정형 프랙탈 모두 갖는 특징으로 자기유사성과 소수 차원(분수차원, 비정수차원)을 앞에서 제시하였다. 이 두 가지 특징을 좀 더 자세히 살펴보자.

(1) 자기유사성(자기닮음, self-similarity)

self-similarity는 자기유사성 또는 자기닮음이라고 부른다. 이 성질은 기존에 우리가 알고 있던 닮음과는 구별이 된다. 수학에서 말하는 닮음(Similarity)은 어떤 두 도형이 있을 때, 두 도형은 크기에 관계없이 모양이 같을 때를 말한다. 말하자면, 닮음은 두 도형의 모양과 크기가 같아야 하는 합동의 경우를 포함하며, 두 도형의 크기가 달라도 모양이 같은 경우까지 포함한다. 도형의 크기가 다르다는 것은 닮음인 두 도형의 대응변의 비가 각각 같은 것을 말한다. 즉, 각은 같으나 변의 길이가 다른 것이라고 볼 수 있다. 예를 들면, 모든 원은 서로 닮음이고, 모든 정다각형, 정다면체도 서로 닮음이다. 닮음과 자기닮음의 가장 큰 차이점은 닮음은 두 도형의 관계를 말하는 것이지만, 자기닮음은 한 도형 안에서 닮음을 갖는 것이다. 하지만, 여기서는 자기유사성이라고 부를 것이다. 왜냐하면 자기닮음이 성립하지 않는 통계적 자기닮음도 있기 때문이다. 통계적 자기닮음은 정확히 닮지는 않았지만 대개 일반적으로 유사한 것을 말한다. 그래서 이 모든 것을 포함하여 self-similarity를 자기유사성이라고 부른 것이다.

▌정의

프랙탈 도형의 가장 큰 특징 중의 하나는 자기유사성인데, 이것은 각 부분들이 전체와 닮은 성질을 말한다. 즉, 각 부분들을 확대해 보면 전체의 모습이 된다(박찬정, 2009; 이경희, 2004; 인영은, 2006). 수학적인 측면에서는 모든 축적을 관통하는 패턴 안의 패턴을 의미한다(이명식, 2009; 이윤경, 1999). 그래서 자기유사성은 '부분은 전체같이 보이고, 그 부분의 부분은 그 부분같이 보인다(a part looks like the whole, a part of the part looks like the part)'고 말할 수 있다(최정남, 2003).

프랙탈 기하학의 등장은 유클리드 기하학을 현실에 적용했을 때 드러나는 한계 때문이었다. 프랙탈 기하학은 자연에서 일어나는 비례 대칭 현상을 탐구하는 것이다. 다시 말해, 크기(배율)에 상관없이 항상 동일한 형태를 나타내는 것이다. 이것이 유클리드 기하학의 비례 대칭과 프랙탈의 다른 점이다. 유클리드 기하학에서는 삼각형의 특정부분을 확대하면 삼각형 모양이 아니다. 그러나 프랙탈은 일부를 확대해도 전체의 형태를 그대로 간직하고 있다(이영기, 2012).

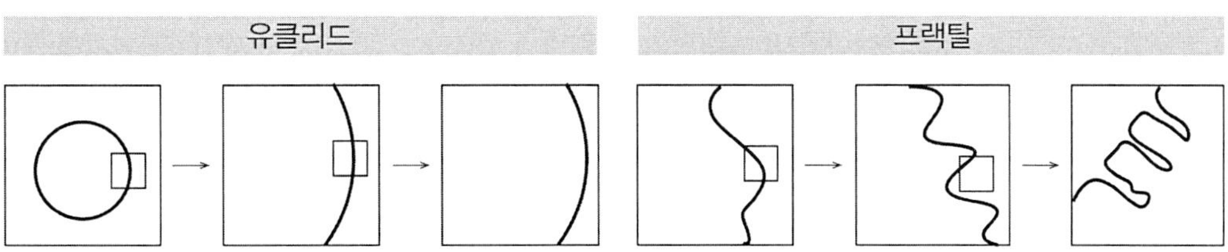

이는 앞의 그림을 보면 보다 자세히 알 수 있다. 유클리드 기하학에서 원의 곡선을 끝없이 확대하게 되면 점차 곡선이 완만하게 되면서 마침내 직선으로 나타나게 된다. 즉, 형태가 변형이 되는 것이다. 다시 말해, 자기유사성이 없는 것이다. 따라서 부분과 전체는 닮았다고 할 수 없다. 반면에 프랙탈 기하학의 도형들은 일부분을 무한대로 확대해도 그 모양이나 형태가 확대하기 전과 닮아있다. 변형되지 않는 것이다. 이러한 프랙탈의 자기유사성은 기존의 미분가능한 곡선 이론과 유클리드 기하학의 세계를 완벽하게 무너뜨렸다(박찬정, 2009).

이러한 자기유사성의 특징은 하나의 대상을 구성하는 작은 부분들이 그 대상의 큰 부분들과 유사하게 되는 재귀성을 말하며, 간단한 규칙을 무한히 반복하는 기법에서 자연계의 불규칙한 패턴이나 규칙을 기하학적으로 나타낼 수 있다(이고은, 김준교, 2014).

▌예와 비례(non-example)

만델브로가 프랙탈이라고 명명한 집합은 자기유사성을 전제로 끊임없이 자기 복제를 반복하는 재귀성의 특성을 지니는데, 프랙탈이 고전적인 유클리드 기하학보다 자연현상을 더 잘 표현할 수 있는 핵심적인 이유는 바로 자기유사성 때문이다. 자연에는 자기유사성의 특징이 많다. 일정 기간의 날씨 패턴은 긴 주기의 날씨 패턴과 닮았다. 나뭇가지는 나무와 닮았고, 바위는 산과 닮았다. 프랙탈은 유클리드 기하학에서는 배제했던 무질서하고 불규칙해 보이는 자연현상에 내재된 또 다른 질서와 규칙을 더 잘 포착하게 해줄 수 있다. 특히 자연과학과 의학 분야에서 컴퓨터 공학을 응용하게 되면서 점점 더 프랙탈 이론을 적용해야 할 분야가 늘어나고 있다. 오늘날 카오스 이론과 복잡계와 관련된 연구를 진행하는데 프랙탈 이론은 필수적이다. 다양한 분야에서 나타나는 카오스 현상을 그래프로 표시하면 프랙탈 현상이 나타나기 때문이다(박찬정, 2009). 프랙탈이 가진 자기유사성은 자연에서 흔히 찾아볼 수 있다. 해안선은 하늘에서 내려다보거나 현미경으로 들어다보거나 상관없이 거의 비슷한 윤곽을 가지고 있기 때문에 프랙탈 구조를 가지고 있다고 할 수 있다. 나무나 양치식물, 브로콜리 등도 프랙탈 구조를 갖는다(이영기, 2012).

자기유사성이 프랙탈의 큰 특징이기는 하지만, 자기유사성을 지니고 있다고 해서 프랙탈이라고 단정 지을 수 없다(이경희, 2004; 이현아, 2004). 예를 들어, 등각나선의 모양을 하고 있는 앵무조개는 자기닮음이지만 프랙탈은 아니다. 이 경우 닮음의 중심이 하나 밖에 없으며 닮음의 중심을 포함하는 부분만 전체 도형과 닮아 있다. 그러나 프랙탈 도형은 어느 부분을 잘라 보아도 전체를 그대로 반영하고 있고, 닮음의 중심은 어디에나 있다. 즉, 프랙탈 현상이 되기 위해서는 닮음의 중심이 무한이 많아지는 조건이 필요한 것이다(이현아, 2004). 일반적으로 프랙탈은 무한한 반복을 바탕으로 하고 있다. 그렇기 때문에 앵무소개는 패턴이 무한히 반복되는 것이 아니라 유한한 것이기 때문에 프랙탈의 조건에 해당하지 않는 것이다.

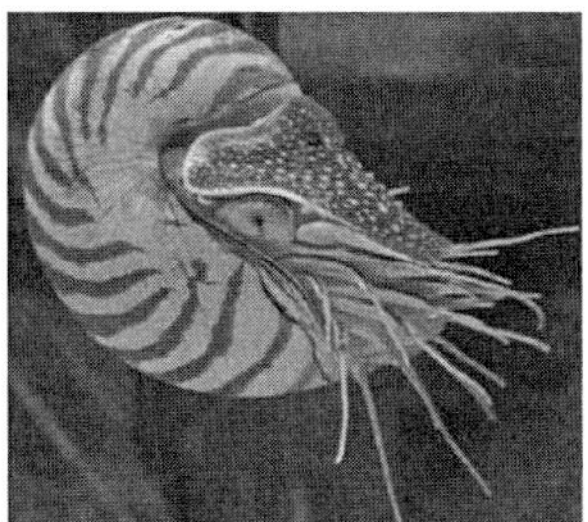

그림 3 앵무조개[6]

그림 4 앵무조개 껍데기[7]

▌자기유사성의 종류

앞에서 살펴본 자기유사성은 두 가지로 분류해볼 수 있다. 일반적으로 우리가 자연에서 보는 프랙탈은 수학적으로 완전히 닮았다기보다는 근사적으로, 즉 통계적으로 닮았다고 보아야 할 것이다. 이렇게 통계적으로 닮았다는 것을 통계적 자기유사성(statistical self-similarity)이라고 한다. 각 부분이 전체의 정확한 복제, 즉 완전히 일치하는 닮음라면 자기동형(self-affinity) 또는 엄밀한 자기닮음(엄밀한 자기유사성, strictly self-similarity) 도형이라고 한다. 이를 통틀어 자기유사성이라고 한다(권종오, 2009; 서종현, 2002 참고). 예를 들어, 산맥이나 해안선, 번개, 사막 등과 같이 일부분을 확대하면 전체와 완전히 일치하지는 않지만 대체로 일치하는 통계적 자기유사성이라고 볼 수 있고, 칸투어 집합이나 코흐 곡선 등과 같이 일부분을 확대하면 전체와 완전히 일치할 때 자기동형, 엄밀한 자기닮음이라고 볼 수 있다.

아래 그림은 우리나라 남해안의 해남반도와 화원반도 사이에 있는 일부 해안선을 약 45° 정도 왼쪽으로 회전시켜 놓은 것이다. 이 해안선을 코흐 곡선과 마찬가지로 한번에 3 등분하면 구불구불한 정도가 저의 닮은 작은 해안선이 4개 생긴다(김용운, 김용국, 1998).

6) http://kjoon1020.blog.me/70169107905
7) http://blog.naver.com/shinchon2002/203897290

그러나 각각의 해안선들을 3배로 확대해서 보았을 때 전체의 해안선과 완전히 일치하지 않기 때문에 통계적 자기유사성이라고 한다.

그림 5 해안선의 통계적 자기유사성

아래의 그림과 같이 코흐 곡선의 $\frac{1}{4}$을 3배로 확대하면 전체의 코흐곡선이 된다. 이와 같이 일부분을 확대하면 완전히 일치하는 것을 자기 동형, 즉 엄밀한 자기닮음이라고 한다.

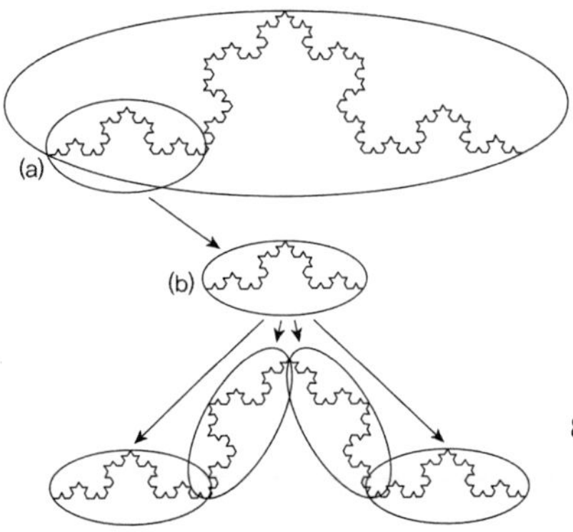

8)

(2) 프랙탈 차원

프랙탈의 특징 중에서 중요한 두 가지 중 하나가 프랙탈의 차원이다. 이 프랙탈 차원은 기존의 유클리드 차원과는 다르게 소수 차원, 즉 분수차원을 나타낸다. 일반적으로 어떤 대상의 차원(dimension)은 '얼마나 많은 구조적 정보가 그 대상에 포함되어 있는가', 즉 표면의 복잡도(complexity)를 나타낸다(황희연, 송선기, 조진희, 2011). 프랙탈의 복잡도, 프랙탈 차원을 계산하는 방법에는 여러 가지가 있다. 프랙탈 차원에 살펴보기 전에 기존의 유클리드 차원을 어떻게 정의하였는가를 살펴보자.

---

8) Peitgen et, al. 1992

▌유클리드 차원

기존에 우리가 사용하고 있던 유클리드 차원에서 폭이 없고 길이 밖에 없는 직선상의 점의 위치를 나타내는 데는 한 개의 값 x가 있으면 되므로 직선은 1차원, 가로와 세로가 있는 평면 위에서 점의 위치를 나타내기 위해서는 두 개의 좌표 (x, y)가 필요하므로 평면은 2차원, 가로와 세로와 높이를 가지고 있는 입체 공간의 점을 나타내는 데는 3개의 좌표 (x, y, z)가 필요하기 때문에 공간을 3차원이라 부른다. 더 나아가, 물리 등에서 시간축을 더하여 4개의 변수를 사용하여서 4차원으로 좌표 (x, y, z, α)를 그릴 수 있다고도 한다. 예를 들면, 곡선이나 직선은 1차원이고, 정사각형이나 직사각형은 2차원이고, 정육면체나 직육면체는 3차원이다. 그리고 수학에서는 평면상이라도 공간 내에서의 매끄러운 곡선 또는 그 도막 곡선분의 차원은 1이다. 마찬가지로 생각하여 매끄러운 곡면은 2차원이다. 이러한 차원을 위상적 차원(topological dimension)이라고 한다(한명수, 1993).

▌프랙탈 차원

프랙탈의 차원을 구하는 방법은 여러 가지가 있다. 우선 자기닮음 차원이 있는데 이는 프랙탈을 구성하는 과정에서 각 단계마다 생성되는 개체의 수와 그 확대율을 비교하는 것이다. 자기닮음 차원은 일반적으로 쉽게 구할 수 있지만, 엄밀한 자기닮음인 결정론적 프랙탈에만 적용할 수 있다(이현아, 2004).

프랙탈 관점에서 '차원'에 대한 근본적인 개념은 위상수학의 발달과 함께 해왔다. 위상수학에서 물체의 속성은 '위상 동형사상'이라는 변환(transformation)에 의해 불변한다. 이것은 1차원에서는 직선과 곡선 등이 있고, 2차원에서는 원과 다각형 등이 있음을 유클리드 차원에서 설명했다. 위상수학에서는 물체가 동형사상에 의해 변환되었을 때 바뀌지 않는 질적 특성을 중시하여 한 물체의 위상차원은 보존된다. 그러나 평면을 채우는 곡선의 발명은 차원 개념의 발전에 중요한 계기가 되었고, 그 곡선을 1차원 물체로 보는 직관적 인식에 의문을 제기하게 된 것이다. 칸토어는 직선에 포함된 점과 평면 속의 점의 개수(농도)가 똑같다는 선언을 하면서 차원의 개념에 대한 재검토가 시작되었고, 1919년, 독일의 수학자 하우스돌프(Felix Hausdorff, 1868～1942)는 차원의 개념을 일반화하는 방안을 제시하기에 이르렀다. 코흐 곡선이 1차원 직선과 위상동형임에도 불구하고 약 1.2620이라는 비정수차원임을 밝히고 하우스돌프 차원을 정립하였다(윤정희, 2003; 인영은, 2006; 황현진,

2009, 참고). 이는 일반적으로 우리가 자기닮음 차원, 즉 프랙탈 차원이라고 부르는 것인데 구하는 방법은 뒤에서 자세히 설명할 것이다.

소수 차원은 어떤 물체의 거칠거칠한 정도, 울퉁불퉁한 성질, 부서진 정도, 불규칙한 정도를 측정하는 방법이며, 공간을 채우는 능력에 대한 측도가 된다. 프랙탈 차원은 그 차원이 높아질수록 훨씬 더 복잡해지고 거칠어지는 성질이 있다. 프랙탈이라는 용어가 분수(소수) 차원을 갖는다는 의미에서 그 어원의 기원을 찾기도 한다. 프랙탈 도형의 차원은 종전의 차원과 다르다기보다는 그 의미를 확장시킨 것이다. 프랙탈 차원을 이용함으로써 도형의 길이, 면적, 부피 등의 성질뿐만 아니라 복잡한 도형의 형태까지도 수학적으로 처리할 수 있게 되었다(김순덕, 1994). 코흐 곡선을 예로 들면, 프랙탈의 차원은 1.2618과 같은 분수차원이다. 다시 말하면, 프랙탈은 유클리드 공간(차원) 사이에 무한히 존재할 수 있는 훨씬 넓은 공간에 위치해 있다. 유클리드 관점에서 보면 모든 공간은 1, 2, 3차원으로 빈틈없이 꽉 채워질 수 있다. 우리나라 다도해의 구불구불한 선은 1차원과 2차원 사이의 1.4032…차원 또는 1.79803…차원 등이다. 이런 맥락에서 보면 실제 공간은 우리가 생각해온 유클리드 공간으로 꽉 채워지는 것이 아니라 그 사이에 무한한 프랙탈 공간을 내장하고 있다고 할 수 있다. 따라서 프랙탈 공간은 유클리드 공간의 사이에 무한한 형태로 존재한다(박찬정, 2009). 다음 그림 6은 차원의 증가에 따른 직선 형태의 변화를 나타낸다(Ralph, 2006; 김철기, 김민정, 2013, 재인용). 그래서 우리는 1차원에서 2차원으로 프랙탈 차원의 증가에 따른 변화를 시각적으로 살펴볼 수 있다.

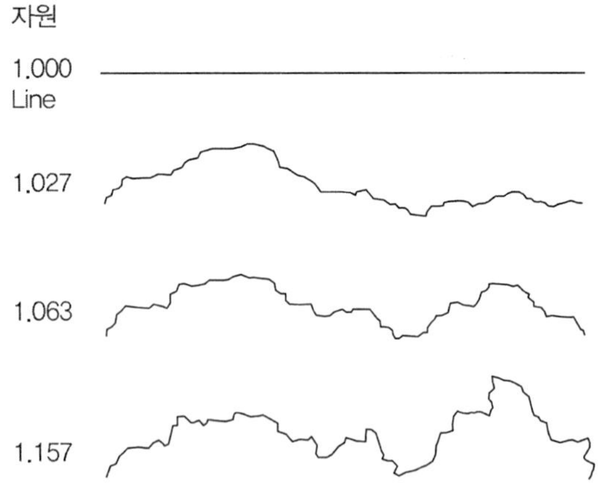

그림 6 프랙탈 차원 증가에 따른 구조의 변화

1) 하우스돌프 차원(자기닮음차원)

1919년에는 독일의 수학자 하우스돌프가 차원의 개념을 일반화하는 방안을 제시하기 이르렀다. 일반적으로 차원들 사이에 존재하는 프랙탈 도형은 분수의 하우스돌프 차원을 가진다. 하우스돌프의 차원은 프랙탈 도형과 비프랙탈 도형을 구별하기 때문에 이것을 흔히 프랙탈 차원이라 부른다(최윤선, 2009). 차원을 구하는 방법은 다른 도형을 각각 일정한 비율로 확대하게 되면 생성되는 개체의 수가 각 차원에 따라 달라지는 것을 이용한다. 예를 들어, 일정한 길이의 1차원인 선분을 3배로 확대하면, 처음 길이의 선분이 3개가 생성된다. 그러나, 2차원 도형인 정사각형을 3배로 확대하면, 처음 정사각형이 3개가 아니라 9개가 생성되며, 3차원의 도형인 정육면체의 경우에는 처음 정육면체가 27개가 생성된다(이현아, 2004). 이를 이용하여 공식을 유도하게 된다. 1890년에 페아노라는 수학자가 놀랄만한 곡선을 발견하였다. 이 곡선은 연속곡선이고, 1개의 정사각형의 면 전체를 지나는 곡선이다. 매끄러운 연속곡선을 모두 1차원이라고 생각하기 쉽다. 그런데 정사각형을 전부 메우는 페아노 곡선의 경우는 2차원이다. 어떻게 선이 2차원이 되는가? 아무래도 매끄럽지 않은 연속곡선에도 차원을 규정해야 한다고 생각하게 된다. 그래서 하우스돌프와 베시코비치(Besicovitch)가 1937년에 그러한 정의를 내렸다. 이것을 하우스돌프 차원 또는 하우스돌프 - 베시코비치 차원이라고도 부른다.

이제 하우스돌프 차원 공식을 유도하는 방법과 예를 살펴보자(한명수, 1993). 예를 들어, 칸토어 집합의 하우스돌프 차원을 구하여 보자. 칸토어 집합에서 구간 [0, 1]을 N개로 등분하는 것은 N개의 축소사상을 생각하는 것이다. 축소율은 $\frac{1}{N}$임이 분명하다. 축소율은 $r(N)$라고 적는다.

$$r(N) = \frac{1}{N}$$

마찬가지로 이를 2차원의 직사각형에서 생각해보자. 이때 각 변의 축소율 $r(N)$은

$$r(N) = \frac{1}{N^{\frac{1}{2}}}$$

이다. 직육면체에서 해보자. 이때는

$$r(N) = \frac{1}{N^{\frac{1}{3}}}$$

이 된다. 이것으로 알 수 있는 것과 같이

$$r(N) = \frac{1}{N^{\frac{1}{D}}}$$

이라고 적으면, 선분, 직사각형, 직육면체가 보통의 차원이 1, 2, 3인데 대하여 $r(N)$식의 우변의 분수 중의 D가 1, 2, 3이다. 이것을 일반화하면, 예를 들어, 칸토어의 집합에서는 축소율은 3분의 1이며, 분할수 N은 2이다.

$$\frac{1}{3} = \frac{1}{2^{\frac{1}{D}}}$$

이 성립하는 D는 식을 변형하여,

$$2^{\frac{1}{D}} = 3$$
$$2 = 3^{D}$$

그래서 양변에 로그를 취하면,

$$\log 2 = D \log 3$$
$$D = \frac{\log 2}{\log 3} = 0.6309 \cdots$$

가 된다. 그래서 칸토어 집합의 차원는 0.6309이다. 다음에 코흐의 곡선을 살펴보자. 이 경우는 축소율은 $\frac{1}{3}$, 분할 수는 4이므로

$$D = \frac{\log N}{\log\left(\frac{1}{r}\right)}$$

로서 닮음차원을 정의하면

$$D = \frac{\log 4}{\log 3} = 1.2619 \cdots$$

이 된다. 이 정의는 자기닮음도형에 한정되는데, 가장 일반적으로 정의되는 하우스돌프 차원과 일치한다. 그래서 우리가 자기닮음 차원을 구할 때, 주로 쓰는 공식이 $D = \frac{\log N}{\log\left(\frac{1}{r}\right)}$인 것이다. 이는 반드시 자기닮음도형, 즉 자기유사성을 가진 결정형 프랙탈에서만 사용할 수 있다. 앞으로 '4. 여러 가지 프랙탈'에서 다루는 결정형 프랙탈의 차원을 구할 때도 이 하우스돌프 차원을 구하는 공식을 이용할 것이다.

2) 상자차원(Box – dimension)

두 번째 방법은 상자차원이라고 불리는 방법인데 이는 상자의 상대적인 크기와 그 크기의 상자로 주어진 프랙탈 도형을 덮는 데 필요한 상자 수의 비를 구하는 방법이다. 상자 차원은 자기유사성과 관계없이 1, 2, 3 또는 그 이상의 차원의 여러 형태에 대해서도 구할 수 있다. 하우스돌프 차원이 결정형 프랙탈에서만 적용할 수 있는 것과 달리 상자차원은 결정형 프랙탈이든 비결정형 프랙탈이든 상관없이 사용할 수 있다. 그래서 실제로 이 방법은 모든 과학에서 가장 많이 쓰이고 있는 프랙탈 차원이다. 상자차원을 이용하여 차원을 구하기 전에 곡선의 형태인 그래프와 함수의 종류에 따라 구하는 방법이 달라지므로 먼저 증가함수의 종류부터 살펴보아야 한다. 상자차원을 설명하기 위해서 함수의 종류를 구분해 보면, 함수의 증가는 선형관계, 지수관계, 멱관계의 세 가지로 구분할 수 있다(이현아, 2004).

첫째, 두 변수 x, y가 $y = ax + b$꼴로 나타낼 때, 두 변수 사이의 관계는 선형관계이다. 이 관계를 표준그래프 용지에 나타내면 기울기가 일정한 선형 그래프가 된다.

둘째, 두 변수 x, y가 $y = ka^x$(단, $a > 0$, $a \neq 1$)일 때, 두 변수 사이에는 지수 관계가 성립한다. 이러한 관계를 갖는 점 (x, y)를 표준 그래프 용지에 나타내면 직선이 아닌 곡선이 나타난다. 그러나 점 $(x, \log y)$를 표준 그래프 용지에 나타내면 선형그래프가 생긴다.

$a > 0$이고, $y = ka^x$일 때,

$$\log y = \log ka^x = \log a^x + \log k = x \log a + \log k$$

이고, 이 식은 $Y = AX + K$인 일차함수로 나타낼 수 있다. 여기서 기울기 A는 원래 지수함수의 밑 a의 로그값이고, y절편 K는 계수 k의 로그값이다. 그런데 이때 변수를 로그 형태로 바꾸지 않고, 준로그 그래프 용지를 사용하면 더 편리하다.

셋째, 두 변수 x, y 간의 관계가 $y = kx^r (r \neq 0,\ r \neq 1)$일 때, 두 변수 사이에 멱법칙이 성립하는데 이러한 관계를 갖는 점 (x, y)를 표준 그래프 용지에 그려보면 곡선이 생긴다. 그러나 이 경우에 표준 그래프 용지에 $(\log x, \log y)$를 나타내면 선형 그래프가 됨을 다음 식으로 알 수 있다.

$y = kx^r$이라 하면,

$$\log y = \log kx^r = \log x^r + \log k = r \log x + \log k$$

이고, 이는 $Y = rX + K$의 일차함수로 나타낼 수 있다. 기울기 r은 원래 멱함수의 지수이며, y절편 K는 멱함수의 계수 k에 로그를 취한 값이다. 그런데 이때 변수를 로그 형태로 바꾸지 않고, 이중로그 그래프 용지를 사용하면 더 편리하다.

여러 가지 크기의 격자에 대하여 주어진 그림의 부분을 포함하는 상자 수 y를, 그 격자의 크기를 결정하는 축적 x의 역수에 대하여 그래프 용지에 나타낸다. 표준 그래프 용지, 준로그 그래프 용지, 이중로그 그래프 용지를 사용하여 산점도를 그려보면, 상자의 개수 y와 격자의 크기 $\frac{1}{x}$ 사이의 관계가 이중로그 그래프 용지를 사용할 때만이 선형 그래프가 됨을 알 수 있다. 따라서 상자의 개수와 축척 사이에는 멱관계가 성립한다. 이러한 이중로그 그래프 용지에서 얻어진 직선의 기울기는 멱함수에서의 지수이고, 이 지수는 그 도형의 프랙탈 차원을 나타낸다(이현아, 2004).

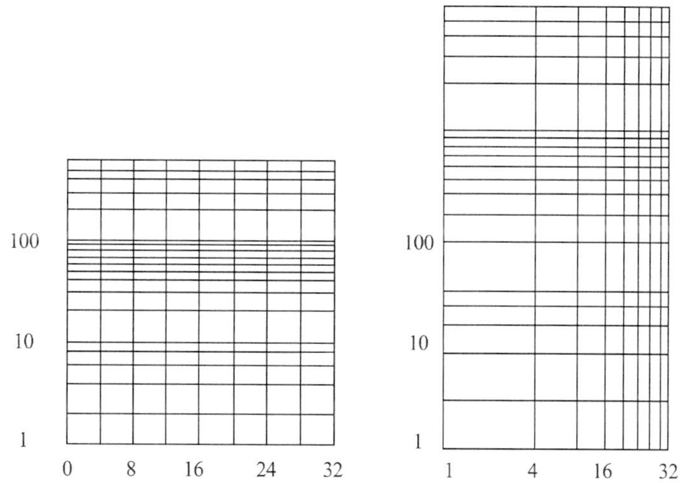

그림 7 준로그그래프 용지와 이중로그그래프 용지

이렇게 상자를 이용하여 구하는 차원을 상자차원이라 한다. 코흐 곡선이나 시어핀스키 삼각형과 같은 엄격한 자기유사성을 지닌 프랙탈 도형의 차원도 이와 같은 방법으로 구하면, 자기닮음 차원을 구하는 방법에 의한 값과 일치하는 것을 알 수 있다.

3) 상자세기(box－counting)

앞에서 살펴본 하우스돌프 차원은 실제로 계산하기 어려운 경우가 많다. 엄밀하게 자기닮음인 결정론적 프랙탈일 경우는 이러한 방법으로 차원을 구할 수 있지만, 불규칙한 변형을 포함하는 비결정론적 프랙탈의 경우, 차원을 측정하는 더 간단한 방법으로 상자세기방법이 있다. 상자차원을 이용하는 방법보다도 더 간단히 쉽게 사용할 수 있다. 먼저 모눈종이 위에 곡선을 그리고 곡선이 지나가는 상자(네모칸)의 수를 센다. 상자의 크기가 갈수록 작아지는 모눈종이들을 가지고 이 과정을 반복한다. 이때, 프랙탈 곡선이 지나간 상자 수의 비율이 감소하는 비가 프랙탈 차원값이다.

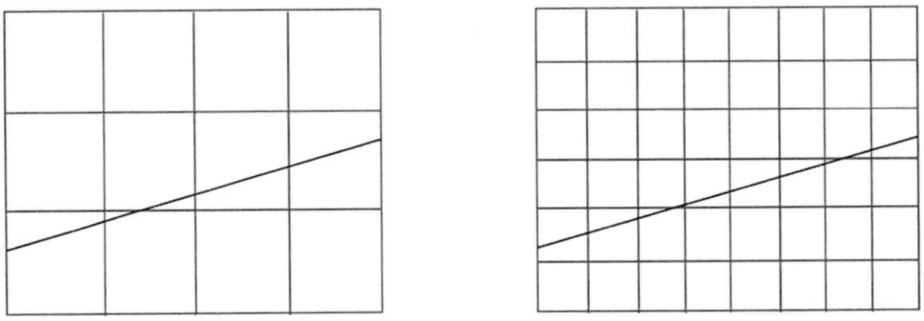

그림 8 직선과 상자세기

위의 그림에서 모눈종이 크기가 처음 길이의 2등분이 될 때, 직선이 지나는 상자 수는 5개에서 10개로 증가하므로 차원은 다음과 같다(최윤선, 2009).

$$d = \frac{\log\left(\frac{10}{5}\right)}{\log 2} = 1$$

줄리아 집합이라 하는 다음 곡선에 대해서도 차원을 구해보자.

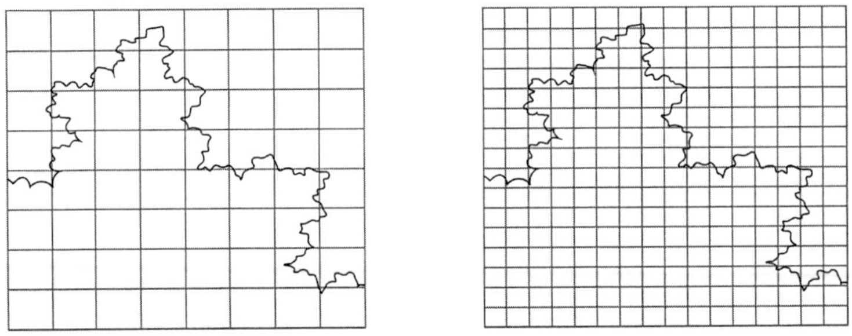

그림 9 줄리아 집합

위의 그림을 보면 모눈종이의 크기는 처음 길이를 2등분한 것이고, 상자수가 27개에서 60개로 늘어났으므로, 차원은 다음과 같다.

$$d = \frac{\log\left(\frac{60}{27}\right)}{\log 2} \fallingdotseq 1.152$$

위의 그림에서 제시한 줄리아 집합의 차원은 약 1.152차원이 된다. 즉, 선으로 이루어진

1차원보다는 복잡하고 2차원인 면까지 이르지 못한 도형이라고 볼 수 있다. 이러한 상자세기 방법에도 종류가 있다. 상자세기방법을 다음 3가지 차원으로 분류할 수 있다(Gerl, Schonlieb, & Wang, 2004; 김철기, 김민정, 2013, 재인용).

첫째, 용량차원(capacity dimension)은 프랙탈 집합을 포함하고 있는 전체 공간을 설정된 크기의 상자로 덮을 때 비어있지 않은 상자의 개수를 센다. 이렇게 구한 차원을 하우스돌프차원이라고도 한다. 둘째, 정보차원(information dimension)은 용량차원과 유사하지만 각 상자 안에 몇 개의 요소가 포함되어 있는지도 계산한다는 점에서 차이가 있다. 셋째, 상관차원(correlation dimension)은 무작위 점들의 집합으로 이루어진 공간의 차원을 측정하는 데 사용된다. 이 방법은 적은 수의 점들로 이루어진 공간의 차원을 측정하는 데 사용된다. 이 방법은 적은 수의 점들로 이루어졌을 때 잡음이 적고 빠른 계산 속도를 나타내는 장점이 있다. 프랙탈 객체의 한 요소의 방향이 다른 요소들과 어떤 상관관계에 있는지를 고려한다. 통상적으로 상자세기 방법이라 함은 용량차원을 일컫는다. 또한 단위자 방법도 있는데, 단위자 방법은 고정된 길이의 자를 이용하여 대상의 둘레 길이를 측정한다. 이러한 측정은 설정된 다른 고정 길이에 대하여 반복적으로 적용된다. 단위자 방법과 상자세기 방법 중 단위자 방법이 더 높은 정확도를 가지고 있다(San Pedro, 2009; 김철기, 김민정, 2013 재인용). 다음 그림을 보면 더 명확히 두 방법의 차이를 볼 수 있을 것이다.

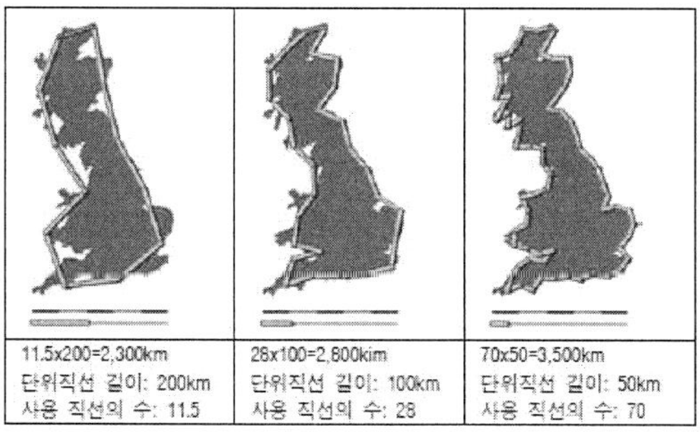

그림 10 단위자 방법

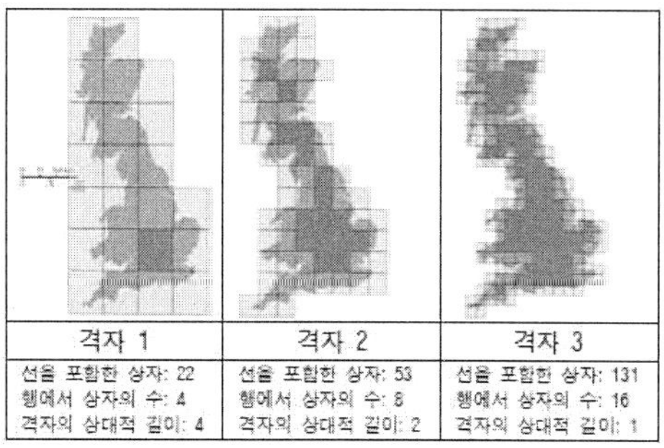

그림 11 상자세기방법

(3) 그 외 프랙탈의 특징

대표적인 프랙탈의 특징인 자기유사성과 소수 차원 외에도 프랙탈은 다른 특징들도 가지고 있다. 이제 이 두 특징 외의 다른 특징들을 살펴보자.

▌비선형성(Nonlinearity)

그래프를 직선으로 나타낼 수 있는 법칙을 선형적인 법칙이라고 부른다. 독립변수의 1차함수라고 해도 된다. 그러나 이것으로 선형인 법칙을 모두 설명할 수 있는 것은 아니고 그래프의 세로축을 로그자로 잡아 보았을 때에 직선이 되는 것도 역시 선형인 법칙이라고 부른다. 즉, 종속변수의 로그를 종속변수라고 보고 독립변수의 1차함수가 되어 있는 경우이다. 과학자가 사용하는 의미는 이보다도 더욱 넓고 미지의 법칙을 규정하고 있는 미지함수와 그 도함수가 1차의 관계(이 관계를 미분방정식이라고 부른다)로 연결되어 있을 때, 이 미분방정식으로 나타낼 수 있는 법칙은 선형인 법칙이라고 부른다(한명수, 1993).

그렇다면, 프랙탈이 가지고 있는 비선형성은 무엇일까? 비선형성이란 주로 초기 조건의 민감성에 의하여 결과가 원인에 비례하지 않고 전혀 새로운 상태로 발전되는 성질을 말한다. 즉, 어떤 계의 상태변수의 변화법칙이 단순한 비례관계를 나타낼 수 없는 계는 비선형이라고 말한다(김세정, 2009). 어떤 변수의 작은 변화가 다른 변수에 관계없이 결과에 예측하지 못한 큰 영향을 미칠 수 있으며, 초기 조건의 미세한 차이가 점진적으로 더욱 더 큰 혼돈적 형태를 보이게 될 수 있다. 피드백에 의해 변환되는 시스템, 즉 불규칙한 행동이며 일반적인 논리적이고 예측가능한 선형성의 상반되는 개념이다(서정미, 2010; 이고은, 김준교, 2014).

비선형성은 엄밀한 자기유사나 단조로운 반복이 아닌 비선형성이 계속 나타나는 자기유사성의 구조로서(이명식, 2009) 선형에 의해 예외적, 무작위적, 비전형적 그리고 비예측적, 불규칙적, 증폭적이며, 비례하지 않는 성질을 갖고 있다. 따라서 비선형은 고정적이고 경직된 규범에서 보다 자유롭게 하며 유동성 있는 변화와 예기치 못했던 것을 제공한다(김세정, 2009). 더 세부적인 내용과 특징은 카오스에서 살펴보기로 하자.

▌피드백(feedback)과 재귀(iteration)

프랙탈의 본질은 피드백과 재귀이다. 이 피드백 과정은 모든 과학의 기본이고, 뉴턴(Issac Newton)과 라이프니츠(Gottfried W. Leibniz)에 의해 처음 소개되었다. 일반적으로 피드백은 어떤 행위의 결과가 최초의 목적에 부합되는 것인가를 확인하고 그 정보를 행위의 원천이 되는 것에 되돌려 보내어 적절한 상태가 되도록 수정을 가하는 일을 말한다. 물리에서는 입력과 출력이 있는 시스템에서, 출력에 의하여 입력을 변화시키는 일을 말한다.

프랙탈에서는 무한으로 가는 프랙탈 도형이 재귀에 의해 변화해가는 과정을 말하는 것이라고 볼 수 있다. 프랙탈의 재귀 과정은 정의역의 초깃값에 대한 함숫값을 계산하고 그것을 다시 함수에 넣어 값을 구하는 것이다. 이런 출력값들의 연속적 계산의 되풀이를 재귀라고 부른다(이복순, 2000; 인영은, 2006). 프랙탈은 재귀함수 시스템(IFS : Iterated Function System)이라 불리는 방법으로 만들 수 있는 특이한 형태라고 볼 수 있다(김세정, 2009).

무작위성(Randomness)

프랙탈의 원리 중 하나인 무작위성은 어떤 과정을 따라감에 있어서 일어나는 우연적인 것, 예기치 않은 현상을 말한다(서정미, 2010). 예측 가능한 사건들의 연속은 그 예측 가능성으로 이내 수렴하는 반면, 무작위성은 창조적인 시스템은 발산한다는 원리로 프랙탈은 무작위 프랙탈의 개념으로 더욱 풍부하고 유용하게 만든다(이명식, 2009). 또한, 모든 시스템의 비예측성과 성장까지도 설명을 가능하게 한다(이고은, 김준교, 2014).

조형의 원리 4가지

자기유사성, 비선형성, 무작위성 등으로 요약되는 프랙탈의 기하학적 특성은 자연의 비규칙적 패턴을 분석하는 데에 기여하고 있으며 창조적 조형원리로서의 가능성을 지니고 있다(이명식, 2009). 그리하여 조형에서 프랙탈의 원리를 적용하여 사용하고 있는 많은 부분들을 찾아볼 수 있다. 조형에서 사용하고 있는 프랙탈의 원리는 크게 4가지로 살펴볼 수 있다. 이는 중첩, 반복, 왜곡, 스케일링의 변화이다.

1) 중첩(Overlapping)[9]

중첩의 형태는 인식 대상들이 동시에 이중적인 구조를 지닌 대상으로 나타나지만 서로의 의미가 혼합되거나 중첩되어 결국은 통일된 새로운 의미를 지닌다는 점에서 입체적인 디자인 이미지를 표출하는 데 중요한 조형원리이다(이고은, 김준교, 2014). 중합의 정의는 두 개 이상의 형상을 포개어 합친다는 뜻으로 하나의 형상에서 어떠한 다른 형상으로 변환시키는 과정을 가시화하여 시간과 공간의 동적인 상태를 표현하는 것이다(이명식, 2009).

조지 캐퍼스(Georgy Kepes)는 그의 저서인 '시각언어'에서 중첩에 대해 "우리는 어떤

---

9) 중합(superimposition), 흔적(trace)으로 불리기도 한다.

겹쳐있는 두 개의 형상을 볼 때 두 개의 공간적 의미를 알 수 있는데 뒤에 있는 형상보다 앞에 있는 형상이 더욱 가까운 것으로 지각된다. 이로 인해 우리는 공간적 차이를 경험하게 되며, 이러한 중첩의 표현은 깊이와 공간감을 일으킨다"라고 정리하였다. 캐퍼스의 이러한 이론에 중첩형태가 내포하고 있는 의미는 대상들이 갖고 있는 원래의 이미지와는 다른 형태의 미를 창출한다는 점이고 둘째는 공간의 깊이를 가진다는 점이다. 이러한 공간의 깊이 역시 보는 이에 따라 고정된 이미지가 아닌 시공간에 따라 다양한 이미지를 드러내는 것으로도 파악할 수 있다(서정미, 2010).

대표적인 예로 뒤샹(Marcel Duchamp)의 계단을 내려오는 누드를 들 수 있다. 이 그림은 시간에 따라 사람이 계단을 내려오는 형상을 중첩하여 그림으로써 일정한 시간 동안에 사람의 동적인 형태를 한번에 파악할 수 있다.

그림 12 계단을 내려오는 누드 2 (Nude Descending a Staircase, No. 2(1912))[10]

10) (이명식, 2009)

2) 반복(Repetition)

자연의 형태에서는 많은 반복성이 발견되는데 반복은 자연 질서 속의 근본적이며 공통되는 특징으로서 율동적이며 역동적인 리듬을 불어 넣어준다. 조형표현에 있어서 반복이란 동일한 요소나 대상을 하나의 단위로 하여 둘 이상 배열하는 것을 말하며 형태와 형태 사이, 공간과 공간 사이에 대한 동일한 패턴의 연속 또는 율동적인 회전을 뜻한다. 같은 형태나 색채가 화면에서 규칙적으로 반복되었을 때는 통일감과 안정감을 가져다주지만 단순한 반복이 지나칠 경우에는 단조롭고 지루한 느낌을 준다(서정미, 2010). 프랙탈 기하학에서 반복은 유사한 형태의 지속적인 반복에 의해 시각적으로 무한히 확장되는 효과를 자아낸다.

대표적인 예로 에셔의 다음 작품을 들 수 있다. 왼쪽의 그림은 물고기들을 반복하여 그림을 통해 시각적으로 무한히 확장되는 효과를 제시하였다. 오른쪽 그림의 조각 역시 이러한 물고기를 2차원에서 3차원으로 옮겨서 반복의 효과를 이용하여 무수히 많은 물고기들이 공 안에 표현된 것과 같은 느낌을 주고 있다.

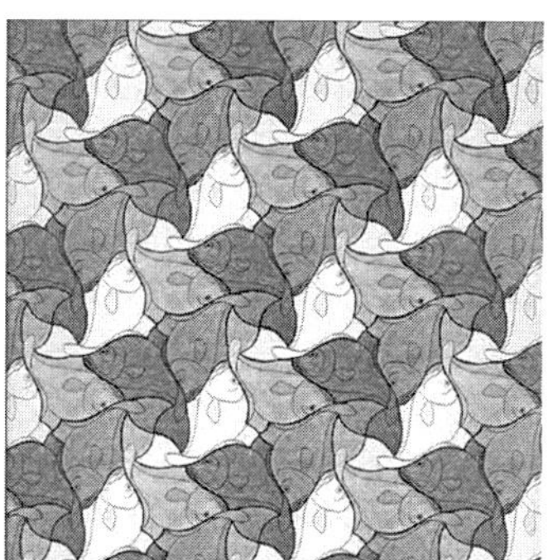

그림 13 대칭 20

그림 14 물고기가 조각된 너도밤나무[11)]

3) 왜곡(Distortion)

왜곡은 대상의 크기나 내각과 같은 특정요소를 부분적으로 변형시켜 형태를 일그러뜨리는 것을 말한다. 왜곡에 의해 생성된 형태는 원본의 변형된 유사, 즉 완전한 복제가 아닌 것을 의미한다(이명식, 2009). 형태를 왜곡시키는 방법 중 흔히 볼 수 있는 것으로 가로, 세로 폭의 비례를 바꾸는 것을 들 수 있다. 이로 인해 다양한 형태를 얻을 수 있는데 화가들은 움직임을 표현함에 있어서 형상을 길게 늘이고 잡아당김으로써 형태를 왜곡시켜

11) (이명식, 2009)

나타냈으며, 심리적인 표현의 수단으로서 왜곡을 시도하기도 했다. 그것은 체적의 변형을 통한 새로운 공간 형태로 나타나게 된다(서정미, 2010).

다음 제시한 작품은 한 여성의 상반신을 길게 늘어뜨리고, 좌우를 늘이는 등의 왜곡된 형태로 나타내었다. 그리하여, 일반적인 공간이 아니라 변형된 형태로 새로운 공간을 만들어내었음을 알 수 있다.

그림 15 케르테스의 왜곡 70(Distorsion no.70)[12)]

4) 스케일링 변환(fractal scaling)

일반적으로 기하학에서 스케일링은 선형변환으로 정의된다. 스케일링이란 하나의 도형으로 그것과 닮은 도형을 만들어낼 때 사용하는 방법이다. 내각과 길이의 비례를 유지시키며 도형의 크기를 변형하여 닮음 도형을 얻어내는 방법이다(김태균, 2010). 스케일링의 변환은 형상의 변화 없이 크기만 변화시키는 표현방법이다. 어떠한 형태를 원래의 자리에서 분리시켜 다른 자리로 옮기거나 이 기본형을 축소 또는 확대시키면서 다양한 표현을 할 수 있는데, 이때 크기나 위치는 변해도 그 기본 속성은 변하지 않는다. 이러한 변형과정을 거친 이미지를 다시 한 번 중첩, 반복시켜 새로운 형태를 만드는 것도 가능하다. 이러한 스케일링 변환기법은 기본형에 해당하는 형상이 지니게 되는 단편적 형태이나 이미지를 수용하는 동시에 다른 한편으로는 기본 형태와 절연시킴으로써 의미는 유보되고 형태는

12) (이명식, 2009)

자유로워진다고 볼 수 있겠다(서정미, 2010). 예를 들면, 다음 그림처럼 유럽의 성당에서 나타나는 스테인드글라스를 들 수 있다.

그림 16 생트샤펠 성당[13)]

그림 17 노틀담 성당[14)]

3 우리 주변의 프랙탈

지금까지 프랙탈의 정의, 특징, 종류 등을 살펴보았다. 이제 이러한 프랙탈이 실제로 어디서 찾아볼 수 있는지, 또 우리 주변에 어디에 있는지에 대해 살펴볼 것이다. 여러 가지 항목을 나누어서 세부적으로 살펴보자.

▌자연

> '자연의 아름다움은 그것이 지니는 법칙성이 단순하고 늘 되풀이 되는 재귀적인 현상이기 때문이다. 만일 보는 것이 항상 다르다면, 아름다움을 느낄 만큼 자연의 질서가 뇌에 미적으로 받아들여지지 않을 것이다. 그러나 프랙탈 이론은 자연을 미묘하게 모방한다는 뜻에서 위대한 예술인지도 모른다.'
>
> \- 김용운, 김용국, 1992

만델브로가 해안선에 대해 생각하면서 프랙탈을 생각한 것처럼, 자연 속에서 많은 프랙탈을 찾을 수 있다. 강은 강의 일부분이 전체와 닮아 있으므로 이러한 지형은 '통계적 자

13) (이명식, 2009)
14) (김태균, 2010)

기닮음'이라고 말할 수 있다. 나무는 저마다 나름의 프랙탈 차원을 가진다. 그 차원의 값은 대략 1.3과 1.8 사이에 있다. 다음 '4. 여러 가지 프랙탈'에서 프랙탈로 나무를 표현한 프랙탈 나무나 피타고라스 나무에서 자세히 살펴볼 것이다. 산의 프랙탈 차원은 2차원과 3차원의 중간에 있으며, 대략 2.3 정도가 되는 것으로 알려져 있다. 뭉게뭉게 피어오르는 뭉게구름도 마찬가지로 프랙탈의 입장에서 볼 수 있으며, 그 차원은 대략 1.35 정도가 된다.

뇌에 주름져 있는 것은 좁은 공간 안에 되도록 넓은 표면을 확보해서 거기에 많은 뇌세포를 배치하기 위해서이다. 이 뇌의 주름 패턴은 프랙탈 구조를 하고 있다. 그 차원은 2.73에서 2.79 정도의 값을 갖는다. 인간의 뇌는 개인차가 있기 때문에 더욱 다양한 값이 나올 수도 있다. 따라서 그 넓이는 신문지의 넓이보다 더욱 넓어질 가능성이 있는 것이다. 이것은 한마디로 인간의 지능이 한없이 개발될 가능성이 있다는 사실과도 일맥상통하다. 폐의 기능은 가슴이라는 한정된 공간 안에서 되도록 산소를 많이 흡수할 수 있어야 하므로 폐의 표면이 되도록 많은 공기와 접하도록 하기 위해 기관지가 사방으로 뻗는다. 그 결과 프랙탈 구조를 만들게 되는 것이다. 같은 이유로 폐 안에 분포되어 있는 모세혈관과 동맥, 정맥도 역시 프랙탈 구조를 이루고 있다. 인간의 폐는 원래 물고기가 물속에서 몸의 비중을 조절하기 위해 공기를 넣어두는 밋밋한 부레라는 자루가 진화한 것이라고 한다. 아래 그림은 폐가 점차 복잡한 모습으로 진화해온 과정을 나타낸 것이다(서종현, 2002).

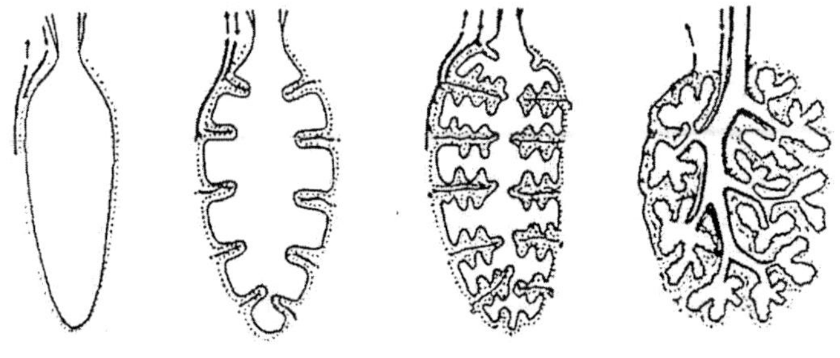

그림 18 폐의 진화 과정

▌미술

에셔(Maurits Cornelis Escher, 1898 - 1972)

미술과 프랙탈을 관련시켜서 말할 때, 빠뜨릴 수 없는 가장 중요한 인물이 바로 에셔이다. 에셔는 1898년 네덜란드 북부 리워든(Leeuwarden)에서 태어났다. 그는 고등학교 시절,

미술교사의 영향을 받아 그래픽 아트에 관심을 가졌다. 후일 건축을 공부하기 위해 대학에 들어갔으나, 그의 작품을 본 담당 교수의 권유로 본격적으로 그래픽 아트에 전념하게 된다(홍영란, 2005). 하를렘(Haarlem)의 건축공예학교에서 1919년부터 2년 동안 목판화와 회화에 대한 기초교육을 받았다. 특이한 점은 후에 그의 작품세계에 중요한 모티브가 되는 수학적 관점이나 프랙탈과 관련한 그 어떤 수학교육도 전혀 받지 않았다는 사실이다. 추측할 수 있는 것은 그의 아버지 G. A. Escher가 건축가이자 토목기사로 일했기 때문에 그의 수학적 사고는 아마도 아버지로부터 영향을 받았을 것이라고 추측할 수 있다(류시천, 윤찬종, 2001).

판화가이자 작가인 에셔는 작품에 기하학과 수학적 개념을 자신의 내적 이미지화해서 표현하였다. 그의 작품들은 3차원적 구성을 2차원적으로 표현하여 실제 경험과는 모순되는 느낌을 준다. 평면을 프랙탈적으로 분할하여 무한한 공간, 공간 속의 원과 회전체 등을 주로 표현하였다(배수경, 2008).

No.50

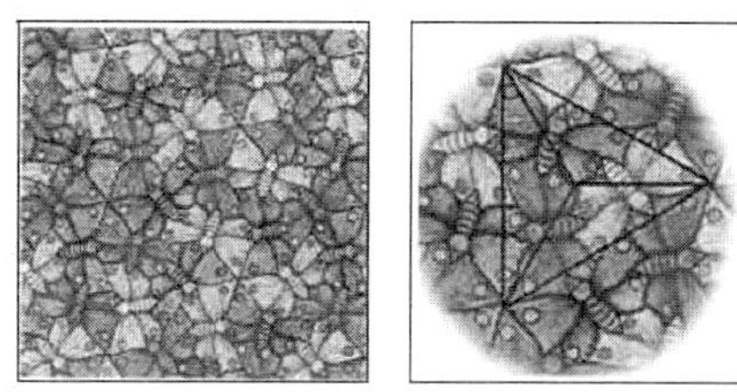

나비들

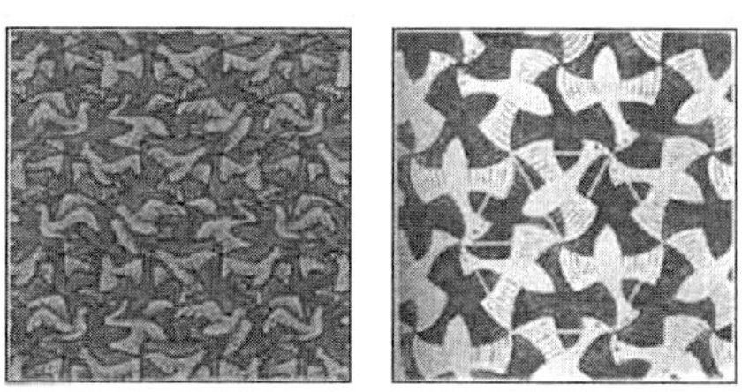

새

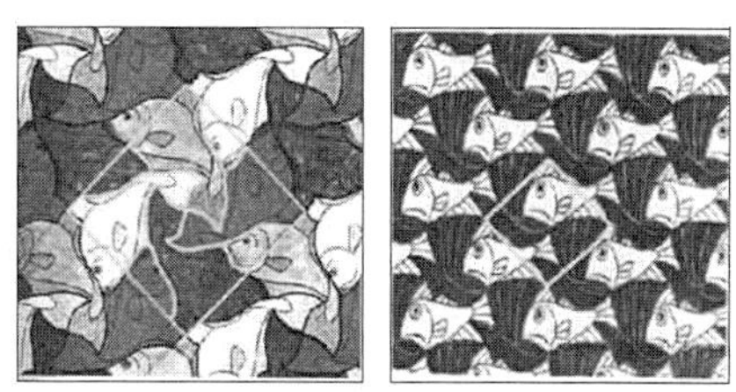

물고기(대칭 20)

에셔의 작품에서 파악되는 프랙탈 속성은 크게 4가지로 요약 정리할 수 있다. 첫 번째, 평면과 입체 사이의 경계, 하나의 물체와 또 다른 물체 사이의 경계를 통해 표출시키는 정수차원이 아닌 '소수 차원'의 속성이 그것이다. 두 번째는 자기유사성의 속성인데, 평면적 방위개념과 입체적 공간 개념 안에서 자기닮음의 구조를 통해 자기유사성을 표현하고 있다. 세 번째는 공간의 논리를 무시하는 방식으로 '재귀순환성(recursiveness)'을 작품 속에 투영시키고 있다. 네 번째는 복제와 동일성, 반복과 증가, 회전을 활용하여 '무한성

(infinity)'의 극한을 상상할 수 있도록 하고 있다(김태균, 2010).

중요한 것은 재귀적 구조 또는 순환성이라고 하는 속성이 원래 프랙탈이 가지고 있는 대표적 속성 중의 하나라는 사실이다. '폭포'와 '올라가기와 내려가기'는 에셔의 불가능성에 대한 탐구에 관한 대표작으로 널리 알려진 작품인데 우리는 이것에서 순환성을 발견할 수 있다. 작품 '폭포'에서 밑으로 떨어진 물줄기가 건물 위 수로를 따라 위쪽으로 올라가고 그 물줄기는 또다시 아래로 떨어져 흡사 수레바퀴를 끊임없이 돌리고 있는 순환과정을 연상하게 한다. 작품 '올라가기와 내려가기'의 모티브는 '끝없는 계단'[15]이다. 직사각형 내부는 숙소를 연상시키고, 이 숙소의 거주자들은 알 수 없는 어떤 종파의 의식을 행하고 있는 수도승의 모습처럼 이 계단을 맴도는데, 아마도 그들을 지쳐있기 때문에 올라가는 대신 내려가도 된다고 누군가에게 허락받은 듯하다. 이 두 작품의 공통점은 바로 작품에 내재된 순환성, 재귀성이다(류시천, 윤찬종, 2001).

그림 19 폭포[16]

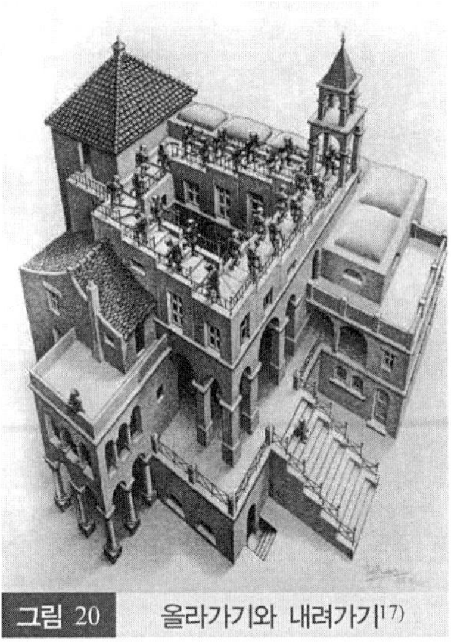

그림 20 올라가기와 내려가기[17]

사실 현실 세계에서 무한 단계의 도형이란 실질적으로 존재할 수 없기 때문에, 무한 단계의 '진짜' 프랙탈 도형에 대비해서 유한 번밖에 반복하지 않은 실질적 도형을 '프리프랙

15) 에셔는 1958년 2월 L. S. and R. Penrose에 실린 기사에서 이 작품의 모티브인 '끝없는 계산'을 착상했다고 한다.
http://blog.daum.net/kimuks/7526568

16) http://waarheid.tistory.com/84
17) http://undomiell.blog.me/20018458412

탈(prefractal)' 도형이라 부르기도 한다(김용운, 김용국, 1998). 현실세계는 모두가 유한 번의 변화로 인하여 이루어진 결과이며, 무한 번의 결과란 없다. 즉, 실제로 우리가 볼 수 있는 것은 아쉽게도 이 프리프랙탈 도형뿐이다. 그러나 중요한 것은 반복의 횟수를 많이 늘릴수록 진짜 프랙탈 도형처럼 보이고 이것만으로도 충분하다는 것이다. 진정한 프랙탈 도형은 상상의 세계에서 그리고 프리프랙탈 도형은 현실세계에서 존재하지만 이 둘은 모두 쉽게 무한 과정의 극한을 상상할 수 있으므로 굳이 구별할 필요가 없는 것이다. 중요한 것은 프리프랙탈이든 프랙탈이든 '무한성'이 그 개념적 속성의 하나라는 사실이다. 우리는 에셔가 그의 여러 작품 안에서 이와 같은 무한성에 대한 탐구의 노력을 집중시켰음을 쉽게 발견할 수 있다. '원의 극한III'에서는 작품의 외곽부분에서 무한성을 찾을 수 있으며 '뱀'에서는 작품의 중앙과 외곽에 무한성의 개념이 내포되어 있다. '파충류'에서는 2차원의 종이에 그려진 도마뱀이 3차원 실제의 도마뱀으로 연속해서 변하는 모습을 그리고 있다. 이 구조는 평면과 입체 사이에 자리한 불가사의한 소수 차원의 탄생을 알리고 있다(류시천, 윤찬종, 2001).

그림 21 원의 극한 III(1959)[18]

그림 22 뱀(1969)[19]

그림 23 파충류(1943)[20]

그림 24 원의 극한IV(천국과 지옥)(1960)[21]

18) http://blog.naver.com/iaan2277/130136659330
19) http://blog.naver.com/dall486/130031365427
20) http://2proo.net/767
21) http://blog.naver.com/iaan2277/130136659330

원의 극한 IV(천국과 지옥)는 원의 극한 표현에 검은색의 악마와 흰색의 천사를 서로의 틈에 채우고 크기의 변화를 무한히 반복하고 있음을 볼 수 있다. 이는 프랙탈의 순환성과 자기유사성의 특징을 잘 반영하고 있다. 또한, 앞의 '원의 극한 III'과 '뱀'처럼 프리프랙탈로서 한정된 원안에서 무한성을 나타내고자 하였다.

에셔의 작품들은 테셀레이션 기법을 충실히 따르면서 크기변화에 의한 완벽한 자기유사성을 나타내고 있다. 특히 그의 여러 작품에서는 프랙탈의 무한성의 원리가 잘 드러나 있다. 에셔의 그림들의 차원은 1.8이상의 비교적 높은 프랙탈 차원을 나타냄을 알 수 있다. 이러한 에셔의 작품에 드러나 있는 프랙탈의 원리는 그 이론이 정립되기 이전에 표현된 것으로 창작 활동 중에 스스로 그 원리 속에 담긴 미학을 체득하고 있음을 알 수 있다(김철기, 김민정, 2013).

폴록(Jackson Pollock)

1940년대 중반 잭슨 폴록의 작품은 복잡하고 반복적인 자연물에서 나타나는 프랙탈 구조의 특성을 보인다. 호주 뉴사스 웨일즈 대학 리처드 테일러(Richard Taylor)교수는 이러한 잭슨 폴록의 그림들을 '프랙탈 표현주의(Fractal Expressionism)(김철기, 김민정, 2013)'라고 주장했다.

그가 그림을 그리는 데 사용한 드리핑 기법은 다음 그림과 같이 커다란 캔버스 위에 막대기나 팔레트 나이프를 이용해 페인트를 흩뿌리거나 떨어뜨리는 기법을 말한다. 1947년부터 1951년까지 집중적으로 드리핑 회화를 만들어냈으며 이러한 기법 속에 프랙탈 원리가 숨어있음을 발견할 수 있다. 이는 반복, 재귀를 통한 자기유사성이다. 또한 그의 작품 활동 전체에 걸쳐 고르게 1.8 이상의 높은 프랙탈 차원을 나타내고 있음을 알 수 있다(김철기, 김민정, 2013).

그림 25 Number 1(1948)

그림 26 Number 6(1948)

칸딘스키(Wassily Kandinsky)

칸딘스키는 직선, 곡선, 원, 사각형, 삼각형 등 다양한 기하학적 도형을 사용하여 자기유사성, 재귀의 프랙탈 특징을 표현하였다. 칸딘스키의 작품은 프랙털의 통계직 반복성에 의한 자기유사성을 나타낸다. 칸딘스키의 경우 1930년대를 제외하고 작품 활동 시기 전반에 걸쳐 1.7 이상의 높은 차원을 나타내고 있으며 이는 프랙탈 차원의 특성을 반영하고 있는 결과라 할 수 있다(김철기, 김민정, 2013). 아래 그림들은 주어진 사각형을 여러 개로 분리하여 각각의 사각형에 테마를 반복하여 나타내고 있다. 이는 앞에서 살펴보았던 프랙탈의 원리 중 재귀와 반복이 들어있다고 볼 수 있다.

그림 27 colour studies(1913)

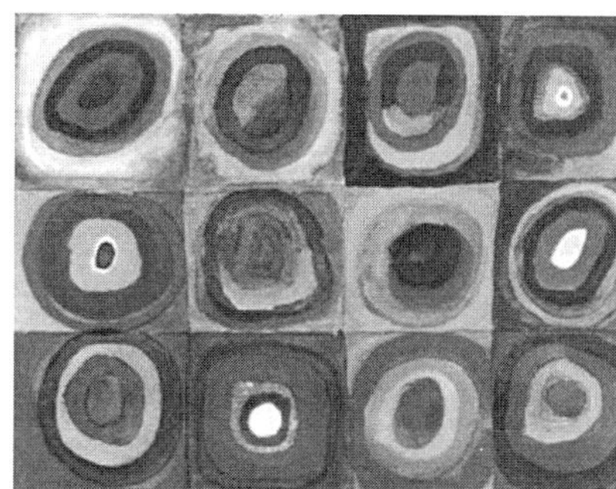

그림 28 farbstuidie quadrate(1913)

몬드리안(Piet Mondrian)

몬드리안의 초기 작품은 주로 나무의 그림이 주를 이루었으며 이러한 나무의 변형을 추상화의 단계로 연결시키기도 한다. 즉, 사각형과 같은 도형을 이용하여 부분이 전체를 닮아가는 프랙탈의 재귀를 추상화에 적용하였다. 전체 캔버스 위에 직선의 가로 및 세로 길이의 크기변화를 통해 전체 형상과 부분 형상 간의 유사성을 유지하고 있다.

그의 작품들 중 구성 시리즈는 색상과 직선의 분할을 이용하여 화면 분할의 크기 변화를 통하여 길이와 비율은 각기 차이가 있지만 수평, 수직의 직선들이 전체 형상과 부분 형상 간의 유사성을 유지하는 비규칙적 반복에 의한 자기유사성을 표출하고 있다(김철기, 김민정, 2013). 다음 그림 중 왼쪽의 그림이 나무를 그린 그림이다. 이는 무수히 많은 선들의 반복을 통하여 많은 나뭇가지를 표현하였다. 오른쪽 그림은 우리가 많이 본 그림으로 면을 직선들로 분할하여 직사각형들의 변형을 통한 재귀로 나타낸 것이다.

그림 29 회색나무(1911)

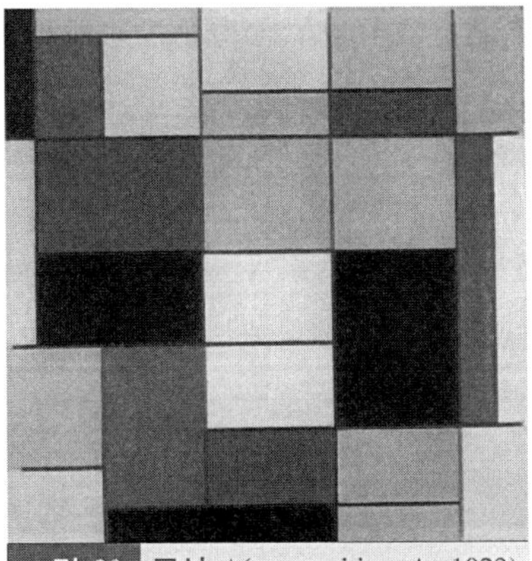

그림 30 구성 A(composition A, 1923)

백남준

미술가, 전위예술가로도 불리는 백남준은 비디오 아트의 창시자이다. 그의 대표작 중에 하나인 프랙탈 거북선(Fractal Turtles)의 구성은 총 348대의 TV와 거북이, 전화기, 축음기, 자동차, 피아노, 즉석 사진기, 홀로그램, 커피포트 등으로 구성되어 있다. 거북선을 구성하고 있는 TV에서는 1초당 5~6회 정도의 동영상이 바뀐다. 이처럼 빠른 장면과 거북선을 구성하고 있는 구성품은 현대문명의 이기들로 '빠름'을 보여주는 상징물이다. 거기에 비해 거북선은 오랫동안 거의 변화하지 않는 동물로 상징된다. 버려진 고물과 쓰레기를 모아 최첨단 무기였던 거북선을 만들어 영원한 것과 순간적인 것, 낡은 것과 새로운 것의 반복과 대조를 보여주고 있다. 백남준의 프랙탈 거북선의 주를 이루고 있는 TV들은 제 각각의 다른 이미지를 보여주면서 무질서하고 혼란스러운 복잡함을 보여주는 반면, TV의 반복 구성과 배치를 통한 일정한 규칙성과 통일성을 통해 재귀를 보여주고 있다(김태균, 2010). 겉으로 보기에는 특정한 규칙이 없어 보이지만, 나름대로 질서와 규칙성을 지니고 있는 카오스 이론을 드러내고 있다.

그림 29 프랙탈 거북선[22)]

22) http://blog.daum.net/moowooi/15931002

테셀레이션(tessellation)

테셀레이션이란 고대 로마의 모자이크 타일 디자인에 사용했던 'tesserae'라는 정사각형 모양의 작은 도자기 타일에서 유래되었는데, 수많은 테셀레이션 작품을 남긴 에셔는 테셀레이션을 '규칙적인 평면분할(또는 공간분할)'이라고 정의하고, 단일한 주제를 끝없이 반복해서 겹쳐지지도 않고 빈틈도 남기지 않으면서 평면을 덮는 것이라 하였다. 즉, 테셀레이션이란 마루나 욕실 바닥에 깔려 있는 타일처럼 어떠한 틈이나 쪼개짐이 없이 평면이나 공간을 도형으로 완벽하게 덮는 것을 말한다. 사무어와 브라이튼에 의하면, 테셀레이션은 타일깔기나 모자이크와 동일어이며, 평면 테셀레이션은 하나 또는 그 이상의 모양으로 구성된다(홍영란, 2005).

이러한 테셀레이션은 역사 속에서 흔히 찾아볼 수 있는데 기원전 4세기 이슬람 문화의 벽걸이 융단, 퀼트, 옷, 깔개, 가구의 타일, 건축물뿐만 아니라 이집트, 무어인, 로마, 페르시아, 그리스, 비잔틴, 아라비아, 일본, 중국 등지에서도 발견할 수 있다. 물론 한국의 전통 문양에서도 많이 찾아볼 수 있다. 또한, 우리 일상생활에서도 흔히 볼 수 있는데, 길거리의 보도블록이나 거실, 목욕탕의 타일, 상품 포장지의 문양 등 수없이 많다. 이러한 테셀레이션은 우리에게 단지 예술적인 아름다움만을 주는 것이 아니라 그 속에 무한한 수학적인 개념과 의미가 들어 있어 도형의 각의 크기, 대칭과 변환, 합동 등을 살펴볼 수 있다(배수경, 2008). 또한, 이전에 살펴보았던 에셔의 그림 '대칭 20'에서도 살펴볼 수 있다. 이 그림은 평면인 바닥에 물고기로 가득 채워서 빈 공간이 없도록 만들어 놓은 것으로, 이 역시 테셀레이션이라고 볼 수 있다.

음악

음악에서도 프랙탈을 적용한 예를 찾아볼 수 있다. 이는 리듬에 관한 것인데, 어떠한 형태로 변화되어 가는가를 살펴보는 것이다. 일명 프랙탈 리듬이라고 하는 것인데 이는 노이즈(Noise)의 일종이다. 노이즈에 대해 살펴보자.

일반적으로 물리학과 전기통신공학에서 노이즈는 신호를 교란시키는 파동을 의미하지만 프랙탈에서 그것은 예측 불가능한 변수의 불규칙적 변화를 의미한다. 노이즈는 한 부분의 변화와 다른 부분의 변화 사이의 상호 관련 정도에 따라 화이트 노이즈, 브라운 노이즈, $1/f$ 노이즈로 분류한다. 이 중에서 $1/f$ 노이즈에 의해 질서와 변화를 적정히 혼합하여 만들어내는 리듬을 프랙탈 리듬이라 한다. 이것은 프랙탈 차원을 조정함에 따라 그 복잡도를 다양하게 할 수 있다(이명식, 2009, 표 2 참고).

표 2 노이즈의 유형

유형	형태	특징
화이트 노이즈	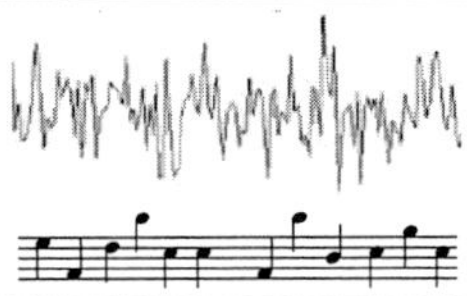	• '무작위 노이즈' • 시간의 흐름에 따른 부분의 변화는 다른 부분의 변화와 상호 연관이 없음을 의미 • 난수발생에 이용
브라운 노이즈		• 브라운 운동에서 유래 • 시간의 흐름에 따라 기존의 것과 밀접한 관계로 변화 • 화이트 노이즈의 무작위적인 변동에 비해 훨씬 낮은 빈도와 폭으로 변화
1/f 노이즈		• 화이트 노이즈처럼 전혀 연관성이 없는 것도 아니며, 브라운 노이즈처럼 강한 연관성을 가지고 있다는 것도 아닌 질서와 변화의 적정한 혼합 • 자연의 변화와 유사한 형태

▌문학

문학에서 프랙탈 구조를 나타내는 것을 찾기는 어렵지 않다. 단편적으로 프랙탈 구조 중 반복, 재귀를 나타내는 경우는 많지만, 작품 전체가 프랙탈 구조를 띄고 있는 것은 흔치 않다. 하지만 프랙탈 구조를 가진 대표적인 작품을 찾으라면 이상의 오감도를 들 수 있을 것이다. 그 중에서도 시제 1호, 시제 2호, 시제 3호가 대표적이라고 할 수 있다. 그래서 이 시들을 하나하나 살펴보고자 한다. 먼저 이상에 대해 살펴보자.

이상(李箱, 1910~1937)은 일제 강점기의 시인, 작가, 소설가, 수필가, 건축가로 일제 강점기 한국의 대표적인 근대 작가이고, 본명은 김해경(金海卿)이다. 1931년『조선과 건축』에「이상한 가역 반응」등을 발표하면서 등단하였다. 1930년대 초부터 초현실주의적이고 실험적인 시를 발표하였으며, 주로 의식 세계의 심층을 탐구하는 작품을 창작했다. 박태원, 김기림, 김유정과 더불어 모더니즘 문학 운동 단체인 '구인회'의 회원이었다. 주요 작품으로「거울」,「오감도」등의 시와 소설「날개」,「종생기」, 수필『권태』등이 있다.[23)]

---

23) http://100.daum.net/encyclopedia/view/24XXXXX51298

이제 시 「오감도」에서 나타나는 프랙탈 구조를 살펴보자. 오감도 중 시제 1호는 다음과 같다.

시제 1호

13인의아해가도로로질주하오.
(길은막다른골목이적당하오)

제1의아해가무섭다고그리오.
제2의아해도무섭다고그리오.
제3의아해가무섭다고그리오.
제4의아해가무섭다고그리오.
제5의아해가무섭다고그리오.
제6의아해가무섭다고그리오.
제7의아해가무섭다고그리오.
제8의아해가무섭다고그리오.
제9의아해가무섭다고그리오.
제10의아해가무섭다고그리오.

제11의아해가무섭다고그리오.
제12의아해가무섭다고그리오.
제13의아해가무섭다고그리오.
13인의아해는무서운아해와무서워하는아해와그렇게뿐이모였소.
(다른사정은없는것이차라리나았소.)

그중에1인의아해가무서운아해라도좋소.
그중에2인의아해가무서운아해라도좋소.
그중에2인의아해가무서워하는아해라도좋소.
그중에1인의아해가무서워하는아해라도좋소.

(길은뚫린골목이라도적당하오.)
13인의아해가도로를질주하지아니하여도좋소.

오감도의 '시제 1호'는 경험하지 못했던 새로운 상황에서 오는 대상의 알 수 없는 미지의 공포를 보여주고 있으며 반복적으로 다가오는 공포를 표현함으로써 암울한 식민지 시대의 공포를 표현하고 있다. 식민지 시대의 암울한 사회적 상황은 불안한 현대사회를 살고 있는 동시대인이 느끼는 공포, 우울의 이미지와 닮아있다. 하루가 다르게 발전하는 과학기술과 세계경제의 불황, 현대인의 스트레스와 각종 질병에 대한 두려움 속에 이상의 시를 통해 공포와 불안을 직접 체험하게 한다. 1~13까지의 반복적인 무섭다는 반복된 진술을 통해 시의 내용적인 측면에서도 프랙탈 구조를 확인할 수 있고 이러한 시적 진술 방식은 이상의 시에 빈번히 드러나는 시작(時作)의 방법적 특성으로 시뮬라크르적[24] 세계관을 알 수 있게 한다(이고은, 김준교, 2014).

이 '시제 1호'에서 나타나는 프랙탈 구조를 분석한 것을 정리하면 다음 표와 같다. 프랙탈의 대표적인 특징인 자기유사성과 불규칙성이 나타나고, 프랙탈 조형의 조형의 원리 4가지 중 중첩을 제외한 반복, 왜곡, 스케일링의 변환이 나타남을 알 수 있다.

[표 3] 시제 1호의 프랙탈 구조 분석 (이고은, 김준교, 2014)

시제 1호 텍스트	프랙탈 특성	프랙탈 조형원리
무섭다고그리오 아해라도좋소	자기유사성	반복
길은막다른골목이라도적당하오 길은뚫린골목이라도적당하오	불규칙성	왜곡
제1의 아해~제13인의 아해		스케일링의 변환

이제 오감도 중 '시제 2호'를 살펴보자.

시제 2호

나의아버지가나의곁에서조을적에나는나의아버지가되고또나는나의아버지의
아버지가되고그런데도나의아버지는나의아버지대로나의아버지인데어쩌자고
나는자꾸나의아버지의아버지의아버지의..... 아버지가되느냐나는왜나의아버
지를껑충뛰어넘어야하는지나는왜드디어나와나의아버지와나의아버지의아버
지와나의아버지의아버지의아버지노릇을한꺼번에하면서살아야하는것이냐

24) 시늉, 흉내, 모의 등의 뜻을 지니는 시뮬라크르(simulacre)는 가상, 거짓 그림 등의 뜻을 가진 라틴어 시뮬라크룸에서 유래한 말이다. 이 라틴어 단어는 영어 안에도 그대로 흡수되어서 모조품, 가짜 물건을 가리키는 말로 쓰인다(ko.m.wikipedia.org 참고).

‘시제 2호’는 나와 나의 아버지, 아버지의 아버지로 이어지는 시적 진술을 통해 ‘아버지’라는 자기유사성을 띠며 반복적으로 진행되고 있다. 시공간을 초월한 중첩의 효과를 통해 선조로 이어지는 스케일링의 변화 또한 보여준다. 아비지에서 그 위의 아버지로 이어지는 초기 조건 ‘나와 아버지’에서 전반적으로 더 큰 혼돈을 야기하는 비선형적인 특성도 찾을 수 있다. 이러한 비선형적 특징은 하이퍼텍스트성을 가지며, 디지털 재매개로의 가능성도 제시해주며 수용자와 인터랙티브한 환경을 조성한다(이고은, 김준교, 2014).

이러한 아버지에 대한 반복은 이상의 인생을 나타내고 있다고 볼 수 있다. 그는 서울에서 이발업에 종사하며 가난하고 별다른 지식이 없는 그리고 손가락 세 개를 잃은 장애인인 아버지를 떠나, 부자로 강원도 강릉에 살았던 큰 아버지의 양자로 들어가 장손으로 성장한다. 그리하여 그는 아버지가 살아 있음에도 불구하고, 아버지를 아버지라 부르지 못하고 큰 아버지를 아버지라고 불러야하는 이러한 상황 때문에 사춘기 시절에 한때 방황하기도 했으며 이러한 상황이 그의 작품들에 나타나기도 하는 것이다.

이 시제 2호에서 나타나는 프랙탈 구조를 분석한 것을 정리하면 다음 표와 같다. ‘시제 1호’와 마찬가지로 프랙탈의 대표적인 특성인 자기유사성과 비선형성을 나타내고, 프랙탈의 조형의 원리 4가지 중 왜곡을 제외한 반복, 중첩, 스케일링의 변환이 나타남을 알 수 있다.

표 4 시제 2호의 프랙탈 구조 분석(이고은, 김준교, 2014)

시제 2호 텍스트	프랙탈 특성	프랙탈 조형원리
나의아버지와나의아버지의아버지와나의아버지의아버지의아버지	자기유사성 비선형성	반복 중첩 스케일링의 변환

이제 오감도 중 ‘시제 3호’에 대해 살펴보자.

시제 3호

싸움하는사람은즉싸움하지아니하던사람이고또싸움하는사람은싸움하지아니하는사람이었기도하니까싸움하는사람이싸움하는구경을하고싶거든싸움하지아니하던사람이싸움하는것을구경하든지싸움하지아니하는사람이싸움하는구경을하든지싸움하지아니하던사람이나싸움하지아니하는사람이싸움하지아니하는것을구경하든지하였으면그만이다.

'시제 3호'를 보면 '싸움'하는 하나의 대상에 대한 진술로써 '싸움'이라는 단어의 반복에서 자기유사성을 띠며 "싸움하는사람과싸움하지아니하던사람"이라는 과거와 현재의 시간적, 공간적인 중첩이 일어나고 있으며 텍스트 내의 '싸움'을 매개로한 왜곡을 시도한다. 이로 인해 시간의 동시성을 획득하며 새로운 공간의 형태를 창출하는데 이는 스스로 자신이 싸움하는 장면을 구경하는 사태로 발전한다. '시제 3호'는 띄어쓰기를 거부한 하나의 문장에 과거와 현재를 오가는 비선형적인 논리구조로 인해 복잡함을 유발하나 "싸움하는사람"이라는 하나의 대상에 대한 진술이다. 이러한 점이 시적 표현 대상의 불규칙적인 사용과 반복되는 단어 사용, 시공간의 왜곡 등은 프랙탈 구조를 그대로 드러낸다(이고은, 김준교, 2014).

이 시제 3호에서 나타나는 프랙탈 구조를 분석한 것을 정리하면 다음 표와 같다. 나타나는 프랙탈 특성은 자기유사성, 불규칙성, 무작위성이고, 프랙탈 조형의 원리 4가지 중 스케일링의 변환을 제외한 반복, 중첩, 왜곡이 나타났다.

표 5 시제 3호의 프랙탈 구조 분석(이고은, 김준교, 2014)

시제3호 텍스트	프랙탈 특성	프랙탈 조형원리
싸움하는사람/싸움하지아니하던사람 싸움하지아니하던사람이싸움하는것을구경 싸움하지아니하는사람이싸움하는구경 싸움하지아니하던사람이나싸움하지아니하는사람이싸움하지아니하는것	자기유사성 불규칙성 무작위성	반복 중첩 왜곡

4 여러 가지 프랙탈

이제 앞 장에서 설명한 프랙탈의 예들을 하나하나 직접 살펴볼 것이다. 앞 장에서 언급된 것도 있지만 언급되지 않은 많은 프랙탈에 대하여 각각의 성질과 특징을 살펴보고 직접 그려보기도 할 것이다. 프랙탈의 시작이자 가장 기본적이고 중요하다고 볼 수 있는 칸토어 집합부터 살펴보자.

(1) 칸토어 집합(Cantor set)

칸토어 집합은 1883년 집합론의 창시자 칸토어(George Cantor, 1845~1918)에 의해 발표되었다(이현아. 2004).

수학적인 칸토어 집합의 정의는 다음과 같다. 길이가 1인 폐구간 [0, 1]을 생각한다. 이 구간을 삼등분하여 중앙부분의 개구간 $\left(\frac{1}{3}, \frac{2}{3}\right)$를 제거한다. 이 때 양 끝점인 $\frac{1}{3}$, $\frac{2}{3}$는 그대로 남는다. 남아있는 두 폐구간 $\left[0, \frac{1}{3}\right]$과 $\left[\frac{2}{3}, 1\right]$을 각각 다시 삼등분하고 중앙의 개구간은 제거한다. 이와 같은 방법을 무한히 되풀이하면 칸토어 집합[25)]이 된다. 이보다 좀 더 쉽게 그리는 방법을 다음에 제시하였다.

<만드는 방법>

0단계 : 선분을 그린다.

1단계 : 선분을 삼등분한 후 가운데 있는 선분을 제거한다.

2단계 : 남아있는 2개의 선분을 각각 삼등분한 후 가운데 있는 선분을 제거한다.

3단계 : 남아있는 4개의 선분을 각각 삼등분한 후 가운데 있는 선분을 제거한다.

⋮

이를 무한 번 반복한다.

---

25) 칸토어 집합을 3차원으로 확대하면 만델브로가 칸토어 먼지(Cantor Dust)라고 부르는 것이 된다. 만델브로는 칸토르 먼지 개념을 사용하여 은하계에서 별들의 분포와 우수에서 은하우주들의 분포를 구상하였다.

칸토어 집합 그리기

앞에서 제시한 방법대로 5단계까지 그려보자.

0단계 

1단계

2단계

3단계

4단계

5단계

문제 1 **칸토어 집합을 구성하는 선분의 수**

(1) 0단계에서 5단계까지 선분의 수를 구하여 보자.

단계	0	1	2	3	4	5
구간 수						

(2) 일반화하여, n단계에서 선분의 수를 구하여 보자.

(3) n이 무한히 커질 때, 선분의 수는 어떻게 되는가?

문제 2 **칸토어 집합을 구성하는 선분의 길이의 합**

(1) 0단계의 길이가 1일 때, 1단계에서 5단계까지 선분의 길이의 합을 구하여 보자.

단계	0	1	2	3	4	5
길이 합						

(2) 일반화하여, n단계에서 선분의 길이의 합을 구하여 보자.

(3) n이 무한히 커질 때, 선분의 길이의 합은 어떻게 되는가?

문제 3 **칸토어 집합의 프랙탈 차원을 구하여라.**

앞에서 살펴본 것처럼, 칸토어 집합의 길이를 계산하면 0이다. 하지만 조각의 수는 무한한 것이다. 그래서 칸토어 집합은 점들의 집합이라고 볼 수 있다. 이러한 칸토어 집합의 차원은 점의 차원인 0보다 크고 선의 차원인 1보다는 작은 수치이다. 그래서 점과 선의 중간 형태가 되는 것이다.

(2) 코흐 곡선(Koch Curve)

프랙탈의 의미를 가장 극명하게 보여주는 것이 바로 코흐 곡선이다. 스웨덴의 수학자 코흐(Helge von Koch, 1870~1924)에 의해 1904년에 만들어진 코흐 곡선은 독일의 수학자 칸토어(G. Cantor)의 칸토어 집합, 그리고 이탈리아 수학자 페아노(G. Peano)의 페아노 곡선과 함께 유클리드 기하학이 지배하던 세상의 끝을 알리는 신호탄이 되었고, 이는 프랙탈의 아버지인 만델브로에 의해 1970년대 이후 정식으로 인정받기 시작하였다(박찬정, 2009).

그러면 코흐 곡선에 대해 알아보자. 먼저 프랙탈 도형을 만들기 위해서는 최초의 선이나 도형이 있어야 한다. 이것을 시초자(initiator)라고 한다. 그리고 여기에 프랙탈 도형을 만드는 규칙이 주어진 후에 생긴 도형을 생성자(generator)[26]라고 부른다(박찬정, 2009). 이 생성자를 어떤 규칙에 의해 반복하느냐에 따라 서로 다른 프랙탈 도형이 만들어지는 것이다.

코흐 곡선의 시초자와 생성자는 다음과 같다. 그리고 오른쪽 그림은 시초자에서 시작해 생성자를 무한 번 반복하여 적용하여 얻은 코흐 곡선이다.

<만드는 방법>

0단계 : 선분을 그린다.

1단계 : 선분을 삼등분한 후 가운데 있는 선분을 제거한다. 이 제거된 부분에 제거된 선분의 길이 1/3과 같은 선분 두 개로 밑변이 없는 정삼각형처럼 그린다.

2단계 : 각각의 4개의 선분에 다시 삼등분을 한 후 가운데 있는 선분을 제거한다. 각각의 제거된 부분에 제거된 선분의 길이 1/9과 같은 선분 두 개로 밑변이 없는 정삼각형처럼 그린다.

⋮

이를 무한 번 반복한다.

---

26) initiator를 시초자 또는 최초자, generator를 생성자 또는 발생자라고도 한다.

코흐 곡선 그리기

앞에서 제시한 방법대로 5단계까지 그려보자.

0단계

1단계

2단계

3단계

4단계

5단계

문제 1 코흐 곡선을 구성하는 선분의 수

(1) 0단계에서 5단계까지 선분의 수를 구하여 보자.

단계	0	1	2	3	4	5
선분 수						

(2) 일반화하여, n단계에서 선분의 수를 구하여 보자.

(3) n이 무한히 커질 때, 선분의 수는 어떻게 되는가?

문제 2 코흐 곡선을 구성하는 선분의 길이의 합

(1) 0단계의 길이가 1일 때, 1단계에서 5단계까지 선분의 길이의 합을 구하여 보자.

단계	0	1	2	3	4	5
길이 합						

(2) 일반화하여, n단계에서 선분의 길이의 합을 구하여 보자.

(3) n이 무한히 커질 때, 선분의 길이의 합은 어떻게 되는가?

문제 3 코흐 곡선의 프랙탈 차원을 구하여라.

코흐 곡선의 특징은 구불구불한 곡선이 되며 직선인 부분은 전혀 없게 된다. 그리고 전체 길이는 무한대로 늘어나게 된다. 그래서 코흐 곡선의 차원은 1차원인 선보다는 크고, 2차원인 면보다는 작은 그 중간의 차원이 된다.

(3) 코흐 눈송이(Koch snowflake)

코흐 눈송이 역시 1904년 코흐가 발표한 논문에서 처음 제기된 것으로 모양이 흡사 눈송이를 닮았다고 하여 '코흐의 눈송이'라고 불린다. 코흐 눈송이는 독특한 성질을 가지고 있다. 코흐 눈송이를 그려보고 몇 가지 특징을 살펴보면 알 수 있을 것이다. 이 코흐 눈송이는 앞에서 살펴본 코흐 곡선을 삼각형의 세 변에 적용한 것이라고 볼 수 있다. 즉, 시초자는 정삼각형이고, 생성자는 각 변에 코흐 곡선을 적용하는 것이다.

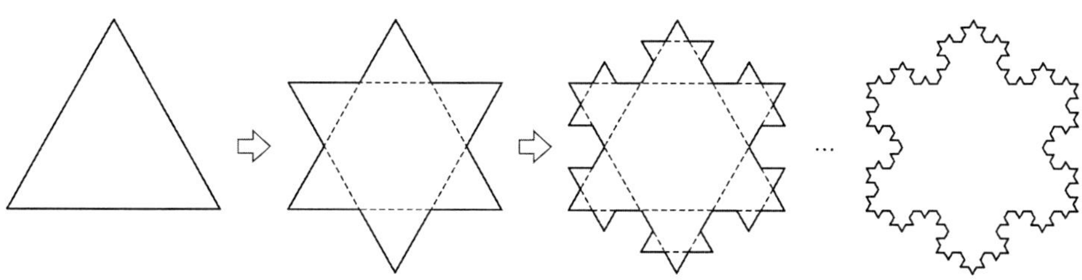

<만드는 방법>

0단계 : 정삼각형을 그린다.

1단계 : 정삼각형의 각 변을 삼등분한 후 가운데 있는 선분을 제거한다. 이 제거된 부분에 제거된 선분의 길이 1/3과 같은 선분 두 개로 밑변이 없는 정삼각형처럼 그린다.

2단계 : 1단계에서 만들어진 12개의 각 변에 다시 삼등분을 한 후 가운데 있는 선분을 제거한다. 각각의 제거된 부분에 제거된 선분의 길이 1/9과 같은 선분 두 개로 밑변이 없는 정삼각형처럼 그린다.

⋮

이 과정을 무한 번 반복한다.

코흐 눈송이 그리기

앞에서 제시한 방법대로 3단계까지 그려보자.

0단계

1단계

2단계

3단계

문제 1 코흐 눈송이의 선분의 수

(1) 0단계에서 3단계까지의 선분의 수를 구하여 보자.

단계	0	1	2	3
선분의 수				

(2) 일반화하여, n단계에서 선분의 수를 구하여 보자.

(3) n이 무한히 커질 때, 선분의 수는 어떻게 되는가?

문제 2 코흐 눈송이의 둘레의 길이

(1) 한 변의 길이가 1일 때, 0단계에서 3단계까지의 둘레의 길이를 구하여 보자.

단계	0	1	2	3
길이				

(2) 일반화하여, n단계에서 둘레의 길이를 구하여 보자.

(3) n이 무한히 커질 때, 둘레의 길이는 어떻게 되는가?

(4) 코흐 눈송이의 둘레는 유한인가? 무한인가?

문제 3 **코흐 눈송이의 넓이**

(1) 한 변의 길이가 1일 때, 0단계에서 3단계까지 넓이를 구하여 보자

단계	0	1	2	3
넓이				

(2) 일반화하여, n단계에서 넓이를 구하여 보자.

(3) n이 무한히 커질 때, 넓이는 어떻게 되는가?

(4) 코흐 눈송이의 넓이는 유한인가? 무한인가?

코흐 눈송이는 각 단계에서 곡선 내부에 작은 면적이 더해지지만 전체 면적은 유한하다. 실제 코흐의 눈송이는 원래의 삼각형의 외접원을 벗어나지 않는다. 즉, 코흐 눈송이의 넓이는 처음의 정삼각형의 넓이인 $\sqrt{3}/4$의 $8/5$배이다. 결국 코흐 눈송이는 유한한 넓이에 무한한 둘레를 가지는 놀라운 기하학적인 성질을 가지고 있는 것이다. 이를 3차원으로 생각하면, 이전에 언급한 두개골 속에 뇌처럼 생각할 수 있다. 뇌는 두개골의 3차원 공간을 벗어나지 않고 무한히 주름을 가질 수 있는 것이다.

(4) 시어핀스키 삼각형(Sierpinski triangle)과 변형

바츨라프 시어핀스키(Waclaw Sierpinski, 1882 - 1969)는 폴란드 수학자로, 집합론에서 뛰어난 논문을 많이 남겼다. 시어핀스키 삼각형은 시어핀스키 개스킷(Gasket)이라고도 한다. 개스킷은 자동차의 엔진에서 가스가 새는 것을 막기 위해 엔진의 본체와 헤드 사이에 끼우는 개스킷처럼 구멍이 뚫려 있다고 해서 붙여진 이름이다(권종오, 2009).

이것은 훗날 만델브로가 프랙탈을 연구하는 데 많은 영감을 주었다. 시어핀스키 삼각형은 프랙탈의 단순한 형태라고 할 수 있다. 정삼각형이 있을 때 각 변의 중점을 연결해서 새로운 정삼각형 네 개를 만든다. 그리고 가운데 삼각형을 없애고, 꼭짓점에 위치한 세 개의 삼각형에 다시 각 변의 중점을 연결해 새로운 정삼각형을 만들어 가는 것을 반복하는 것이다.

<만드는 방법>

0단계 : 정삼각형을 그린다.

1단계 : 정삼각형의 각 변의 중점을 연결하여 작은 정삼각형 4개를 만든 후 가운데 정삼각형을 제거한다.

2단계 : 남아있는 3개의 정삼각형의 각 변의 중점을 각각 연결하여 정삼각형 12개를 만든 후 가운데 정삼각형을 각각 제거한다.

3단계 : 남아있는 9개의 정삼각형의 각 변의 중점을 각각 연결하여 정삼각형 36개를 만든 후 가운데 정삼각형을 각각 제거한다.

⋮

이 과정을 무한 번 반복한다.

시어핀스키 삼각형 그리기

앞에서 제시한 방법대로 5단계까지 그려보자.

0단계

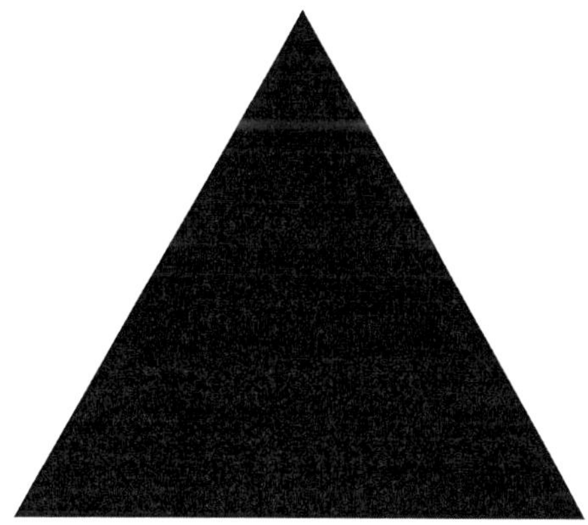

1단계

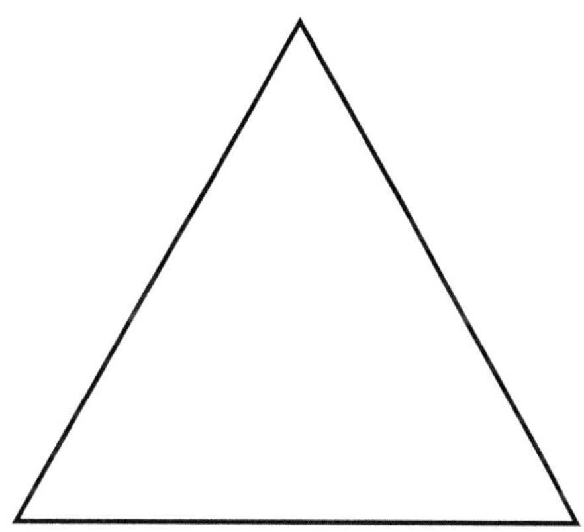

2단계

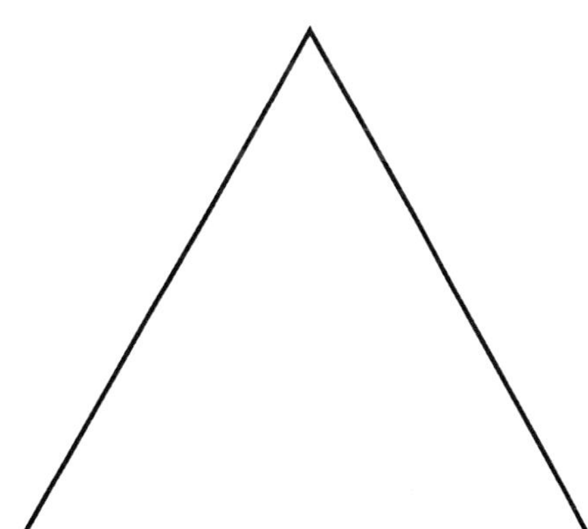

3단계

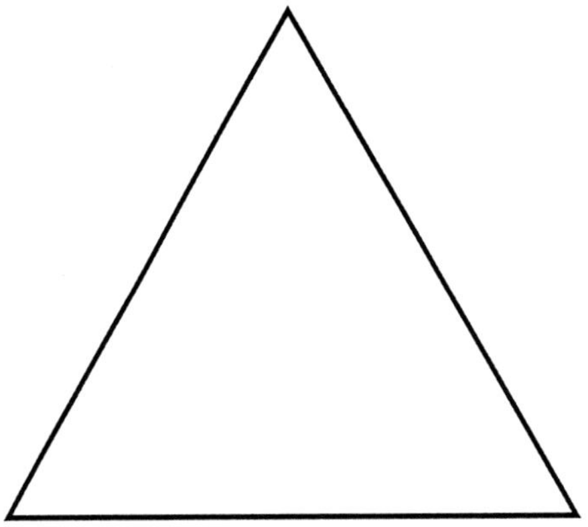

4단계

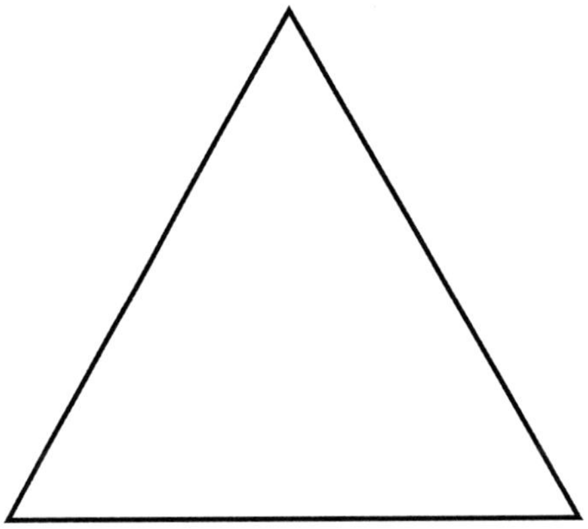

5단계

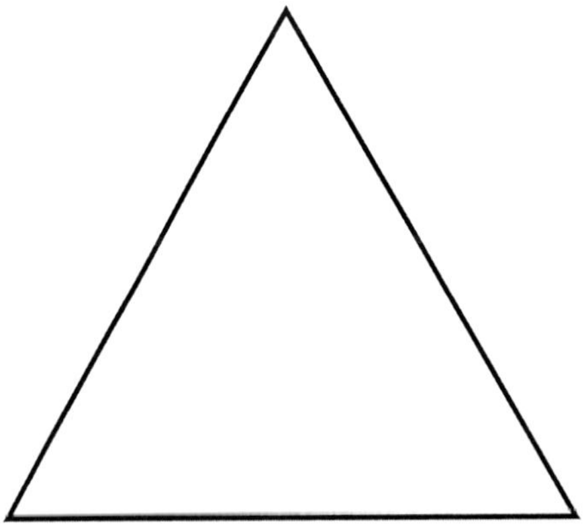

문제 1 시어핀스키 삼각형을 구성하는 삼각형의 수

(1) 0단계에서 5단계까지 삼각형의 수를 구하여 보자.

단계	0	1	2	3	4	5
삼각형의 수						

(2) 일반화하여, n단계에서 삼각형의 수를 구하여 보자.

(3) n이 무한히 커질 때, 삼각형의 수는 어떻게 되는가?

문제 2 시어핀스키 삼각형의 둘레의 길이

(1) 한 변의 길이가 1일 때, 0단계에서 5단계까지 둘레의 길이를 구하여 보자.

단계	0	1	2	3	4	5
길이						

(2) 일반화하여, n단계에서 둘레의 길이를 구하여 보자.

(3) n이 무한히 커질 때, 둘레의 길이는 어떻게 되는가?

문제 3 시어핀스키 삼각형의 넓이

(1) 한 변의 길이가 1일 때, 0단계에서 5단계까지 넓이를 구하여 보자.

단계	0	1	2	3	4	5
넓이						

(2) 일반화하여, n단계에서 넓이를 구하여 보자.

(3) n이 무한히 커질 때, 넓이는 어떻게 되는가?

문제 4 시어핀스키 삼각형의 프랙탈 차원을 구하여라.

시어핀스키 삼각형의 특징은 둘레의 길이는 ∞이나 넓이가 0인 특이한 성질을 가진 도형인 것이다. 그래서 시어핀스키 삼각형의 차원도 2차원보다 작고, 1차원보다는 큰 도형이 된다. 시어핀스키 삼각형을 기본으로 한 변형들이 존재한다. 우리는 여기서 소위 **삼등분 시어핀스키 삼각형**이라고 불리는 시어핀스키 삼각형 변형을 하나 살펴보자. 삼등분 시어핀스키 삼각형이라고 불리는 이유는 시어핀스키 삼각형이 변을 이등분하지만 이 삼각형은 변을 삼등분하기 때문이다.

<만드는 방법>

0단계 : 정삼각형을 그린다.

1단계 : 각 변의 3등분점을 연결하여, 생성한 9개의 삼각형 중에서 가장자리에 있는 6개의 작은 삼각형만을 남긴다.

2단계 : 가장자리의 여섯 개의 작은 삼각형 각각에 1단계와 같은 절차를 되풀이 한다.

⋮

이 과정을 무한 번 반복한다.

삼등분 시어핀스키 삼각형 그리기

앞에서 제시한 방법대로 3단계까지 그려보자.

0단계

1단계

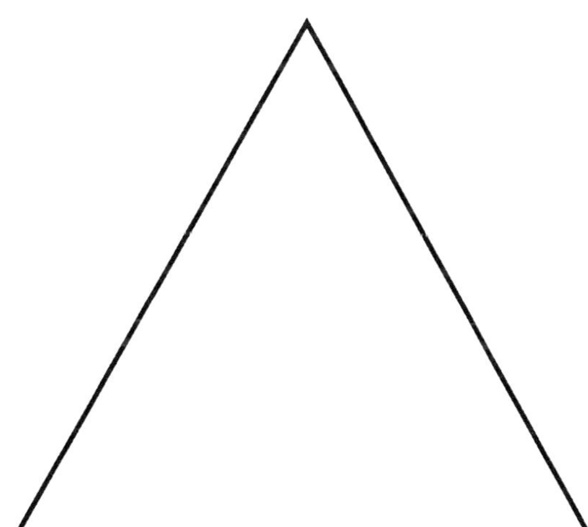

2단계

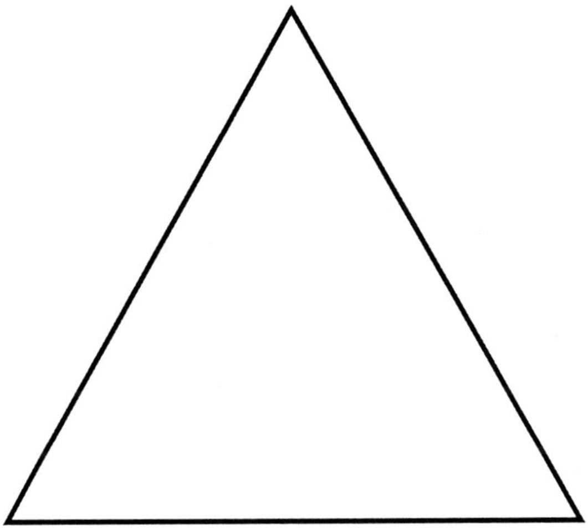

3단계

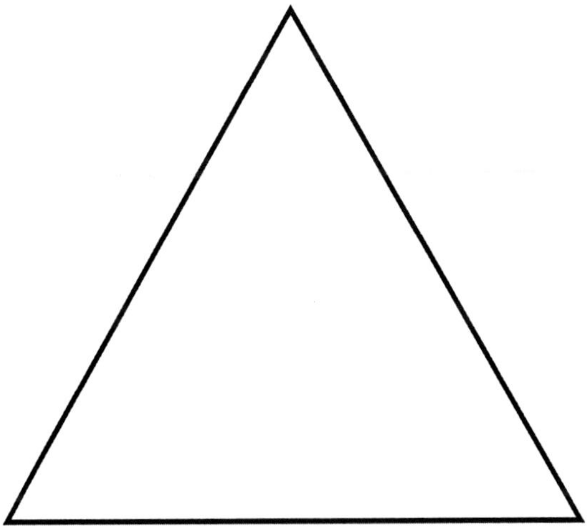

문제 5 **삼등분 시어핀스키 삼각형의 수**

(1) 0단계에서 3단계까지 삼각형의 수를 구하여 보자.

단계	0	1	2	3
삼각형의 수				

(2) 일반화하여, n단계에서 삼각형의 수를 구하여 보자.

(3) n이 무한히 커질 때, 삼각형의 수는 어떻게 되는가?

문제 6 **삼등분 시어핀스키 삼각형의 넓이**

(1) 0단계 삼각형의 넓이가 1일 때, 0단계에서 3단계까지 삼각형의 넓이를 구하여 보자.

단계	0	1	2	3
삼각형의 넓이				

(2) 일반화하여, n단계에서 삼각형의 넓이를 구하여 보자.

(3) n이 무한히 커질 때, 삼각형의 넓이는 어떻게 되는가?

문제 7 **삼등분 시어핀스키 삼각형의 프랙탈 차원을 구하여라.**

1) 시어핀스키 삼각형의 주소[27)]

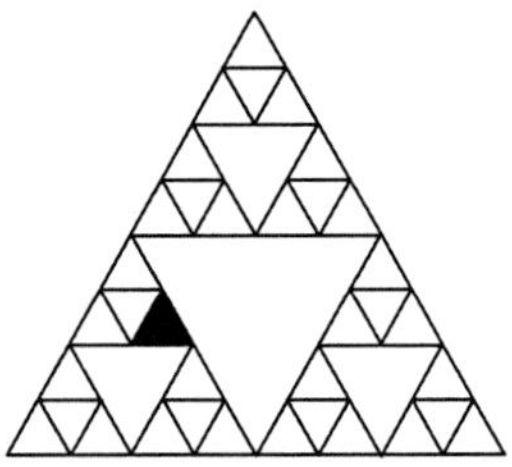

시어핀스키 삼각형의 임의의 단계에서 특정한 위치를 주소로 나타낼 수 있다. 주어진 단계의 시어핀스키 삼각형에서 특정한 위치나 칸의 주소들은 처음 삼각형의 꼭짓점인 L, T, R를 써서 표현할 것이다. 주소의 문자의 개수는 사용되는 단계를 결정짓게 된다. 예를 들어, 오른쪽 삼각형의 색칠한 부분의 주소는 먼저 왼쪽 아래 L(제1단계), 내부의 위쪽 T(제2단계), 내부의 오른쪽 R(제3단계)에 해당하므로, LTR이 된다. 이 때, 각 주소에 대하여 대응하는 단 하나의 위치가 있고, 각 위치에 대해서는 유일하게 대응하는 주소가 있다.

문제 8 다음 각 주소가 나타내는 삼각형의 위치에 색칠하시오.

(1) L (2) TR (3) RTT (4) LTRL

문제 9 다음 색칠된 삼각형의 주소를 쓰시오.

(1) (2) (3)

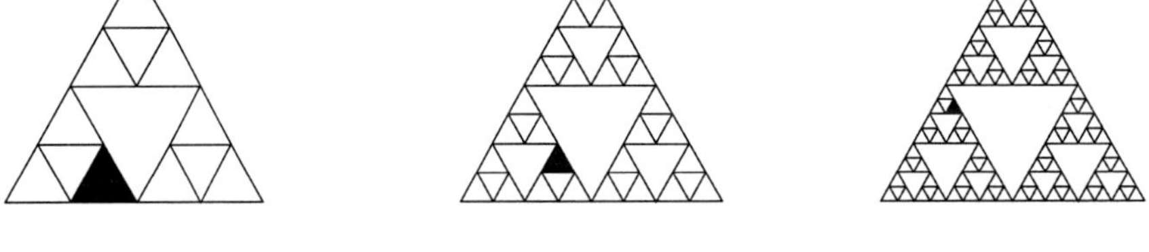

---

27) 신인선, 류희찬(2002) 참고

각 시어핀스키 삼각형에서의 주소가 나타날 수 있는 확률도 구할 수 있다. 예를 들면, 1단계에서 L, T, R이 각각 나올 확률은 $\frac{1}{3}$이다. 2단계에서 LT가 나왔다면, L이 나올 확률 $\frac{1}{3}$에, T가 나올 확률 $\frac{1}{3}$을 곱하여 $\frac{1}{9}$을 알 수 있다. 그렇다면, 문제9)의 주소가 나올 확률을 각각 구하여 보자.

문제 10 **[문제 9]의 주소가 나올 확률을 각각 구하시오.**

2) 수형도를 이용한 시어핀스키 삼각형의 주소 표현

수형도를 이용하여 L, T, R의 문자열을 표현할 수 있다. 꼭짓점에서 세 개의 가지가 아래로 뻗어 나가는 나무를 생각해보자. 가지를 따라 아래로 향하는 모든 경로는 L, T, R을 사용한 주소로 나타낼 수 있다(신인선, 류희찬, 2002).

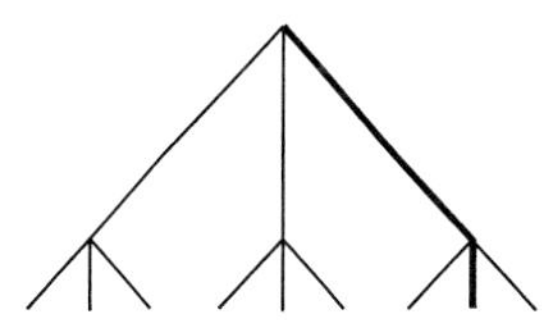

L은 왼쪽 가지를 따라 간다는 것이다.
T는 가운데 가지를 따라 간다는 것이다.
R은 오른쪽 가지를 따라 간다는 것이다.

예를 들어, 위의 그림에서 굵게 표시된 부분을 살펴보자. 위의 꼭짓점에서 오른쪽 R로 간 다음, 가운데 T로 내려갔다. 그래서 오른쪽 수형도가 나타내는 주소는 RT가 된다.

문제 11 **다음 각 주소에 대한 경로를 수형도에 표시하시오.**

(1) TTL

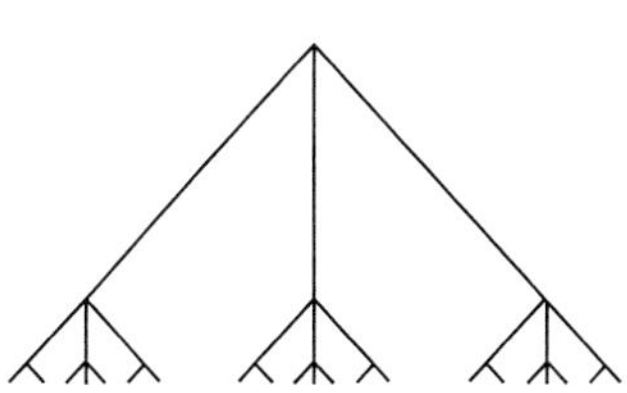

(2) RLT

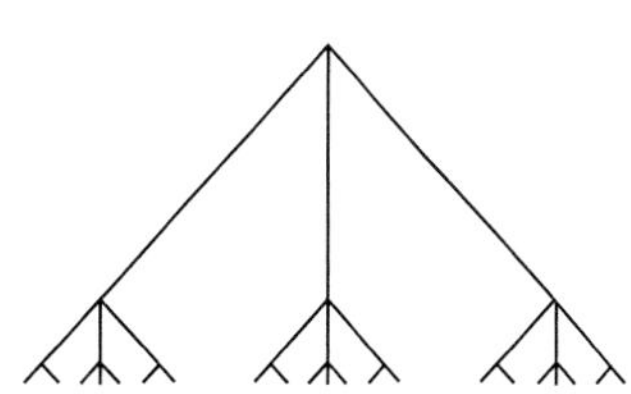

문제 12 다음 각 경로에 대한 주소를 쓰시오.

(1)

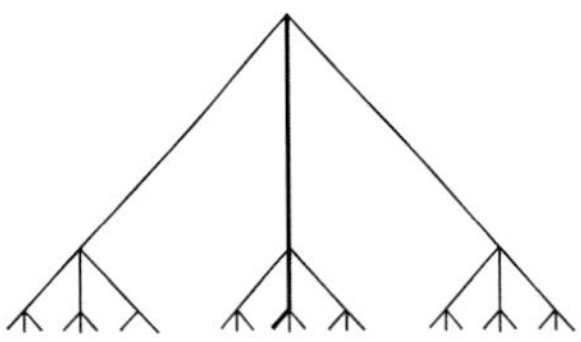

(2)

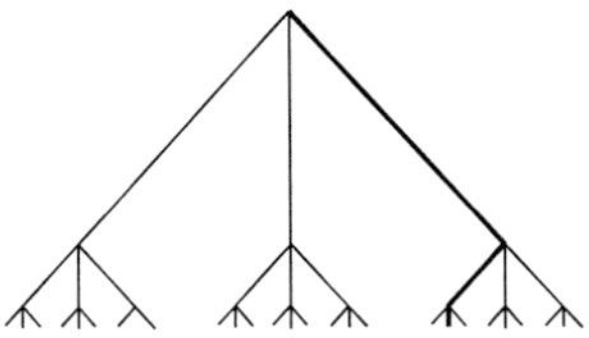

(5) 시어핀스키 카펫(Sierpinski carpet)과 변형

시어핀스키 카펫 역시 시어핀스키 삼각형과 비슷한 점이 많다. 시어핀스키 카펫은 바닥에 까는 카펫과 유사하다고 하여 붙여진 이름이다. 시어핀스키 카펫은 정사각형에서 시작할 뿐 그 생성 방법은 시어핀스키 삼각형과 유사하다. 먼저 정사각형을 그린다. 각 변을 삼등분하여 그리면 총 9개의 정사각형이 생긴다. 그러면 가운데 있는 작은 정사각형을 제외한 8개의 정사각형에 다시 각 변을 삼등분하여 각 9개의 정사각형을 그린다. 그 다음은 처음과 같은 방법을 적용한다.

<만드는 방법>

0단계 : 정사각형을 그린다.

1단계 : 주어진 정사각형의 각 변을 3등분하여 만든 9개의 작은 사각형 중에서 가운데 사각형을 제거한다.

2단계 : 8개의 정사각형 각각에 각 변을 3등분하여 만든 9개의 작은 사각형 중에서 가운데 사각형을 제거한다.

⋮

이 과정을 무한 번 반복한다.

시어핀스키 카펫 그리기

0단계

1단계

2단계

3단계

문제 1 **시어핀스키 카펫의 사각형의 수**

(1) 0단계에서 3단계까지 사각형의 수를 구하여 보자.

단계	0	1	2	3
사각형의 수				

(2) 일반화하여, n단계에서 사각형의 수를 구하여 보자.

(3) n이 무한히 커질 때, 사각형의 수는 어떻게 되는가?

문제 2 **시어핀스키 카펫의 넓이**

(1) 한 변의 길이가 1일 때, 0단계에서 3단계까지 사각형의 넓이를 구하여 보자.

단계	0	1	2	3
사각형의 넓이				

(2) 일반화하여, n단계에서 사각형의 넓이를 구하여 보자.

(3) n이 무한히 커질 때, 사각형의 넓이는 어떻게 되는가?

문제 3 **시어핀스키 카펫의 프랙탈 차원을 구하여라.**

시어핀스키 카펫은 시어핀스키 삼각형과 유사한 성격을 지닌다. 시어핀스키 카펫의 프랙탈 차원은 시어핀스키 삼각형의 프랙탈 차원보다 높지만 그 넓이는 역시 0이다. 즉, 둘 다 면에서 출발하지만 1차원과 2차원의 중간형이 되는 것이다. 또한 칸토어 집합처럼 점들의 집합이 된다. 여기서 시어핀스키 카펫의 변형을 살펴보자. 시어핀스키 카펫이 9개의 정사각형에서 가운데 정사각형 하나만 없앤 도형들의 반복이라고 한다면, 이제 살펴볼 **시어핀스키 카펫의 변형**은 9개의 정사각형에서 꼭짓점에 있는 4개의 정사각형만 남긴다. 시어핀스키 카펫의 변형인 다음 도형을 그려보고, 특징들을 살펴보자.

<만드는 방법>

0단계 : 정사각형을 그린다.

1단계 : 주어진 정사각형의 각 변을 3등분하여 만든 9개의 작은 사각형 중에서 이전 단계의 꼭짓점에 위치한 4개의 정사각형만 남긴다.

2단계 : 4개의 정사각형 각각에 각 변을 3등분하여 만든 9개의 작은 사각형 중에서 이전 단계의 꼭짓점에 위치한 4개의 정사각형만 남긴다.

⋮

이 과정을 무한 번 반복한다.

시어핀스키 카펫의 변형 그리기

0단계

1단계

2단계

3단계

문제 4 시어핀스키 카펫의 변형에서 사각형의 수

(1) 0단계에서 3단계까지 사각형의 수를 구하여 보자.

단계	0	1	2	3
사각형의 수				

(2) 일반화하여, n단계에서 사각형의 수를 구하여 보자.

(3) n이 무한히 커질 때, 사각형의 수는 어떻게 되는가?

문제 5 시어핀스키 카펫의 변형의 넓이

(1) 한 변의 길이가 1일 때, 0단계에서 3단계까지 사각형의 넓이를 구하여 보자.

단계	0	1	2	3
사각형의 넓이				

(2) 일반화하여, n단계에서 사각형의 넓이를 구하여 보자.

(3) n이 무한히 커질 때, 사각형의 넓이는 어떻게 되는가?

문제 6 시어핀스키 카펫의 변형의 프랙탈 차원을 구하여라.

시어핀스키 카펫의 변형 역시 시어핀스키 카펫과 유사한 형태를 지니고 있다. 시어핀스키 카펫의 변형 역시 넓이는 0이 되고, 차원도 2차원에서 점차 1차원에 가까워진다. 하지만 그 속도는 시어핀스키 카펫보다 시어핀스키 카펫의 변형이 더 빠르게 진행된다.

(6) 시어핀스키 사면체

시어핀스키 사면체는 시어핀스키 삼각형을 정사면체의 각 면에 적용한 것인데 시어핀스키 피라미드라고도 한다. 즉, 시어핀스키 삼각형은 2차원이고, 시어핀스키 사면체는 3차원인 것이다. 3차원이라 손으로 직접 그리기가 쉽지 않다. 그래서 1단계만 그려볼 것이다. 먼저, 만드는 방법은 다음과 같다.

<만드는 방법>
정사면체의 각 모서리의 중점을 연결하여 만들어진 중앙의 정팔면체를 제거하고, 꼭짓점에 위치한 4개의 작은 정사면체를 남긴다. 이와 같은 방법을 무한히 반복한다. 이는 각 면에 시어핀스키 삼각형을 만드는 것과 같다.

시어핀스키 사면체 그리기

0단계

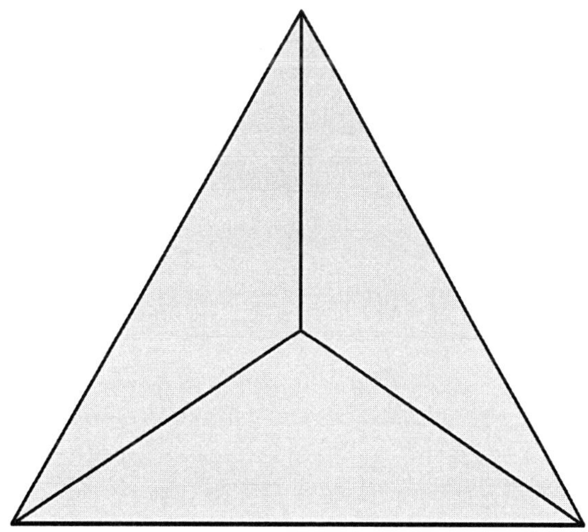

1단계

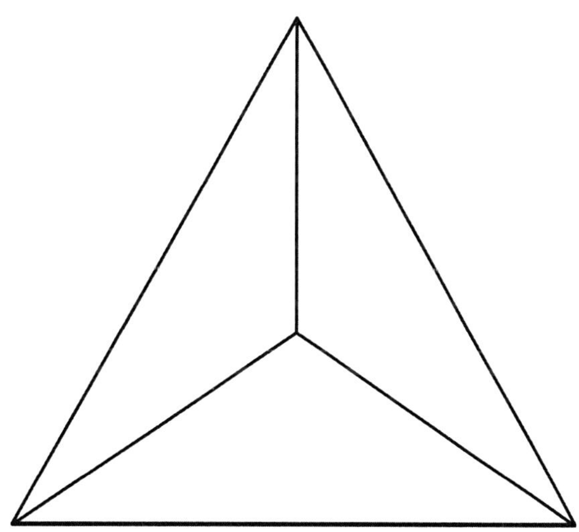

문제 1 **시어핀스키 사면체에서 면의 수**

(1) 0단계에서 3단계까지 면의 수를 구하여 보자.

단계	0	1	2	3
면의 수				

(2) 일반화하여, n단계에서 면의 수를 구하여 보자.

(3) n이 무한히 커질 때, 면의 수는 어떻게 되는가?

문제 2 **시어핀스키 사면체에서 모서리의 수**

(1) 0단계에서 3단계까지 모서리의 수를 구하여 보자.

단계	0	1	2	3
모서리의 수				

(2) 일반화하여, n단계에서 모서리의 수를 구하여 보자.

(3) n이 무한히 커질 때, 모서리의 수는 어떻게 되는가?

문제 3 **시어핀스키 사면체에서 사면체의 수**

(1) 0단계에서 3단계까지 사면체의 수를 구하여 보자.

단계	0	1	2	3
사면체의 수				

(2) 일반화하여, n단계에서 사면체의 수를 구하여 보자.

(3) n이 무한히 커질 때, 사면체의 수는 어떻게 되는가?

문제 4 **시어핀스키 사면체의 프랙탈 차원을 구하여라.**

시어핀스키 사면체는 네 개의 면이 시어핀스키 삼각형을 나타내는 형태로 되어있다. 그래서 시어핀스키 삼각형과 유사한 성질을 가지고 있다. 시어핀스키 사면체가 3차원인 입체에서 시작하여, 입체적으로 보이지만 그 구조는 2차원 평면에 해당한다는 것을 알 수 있다. 또한, 시어핀스키 사면체는 무수히 많은 점들로 이루어져 있다는 것을 할 수 있다.

(7) 맹거 스펀지(Menger sponge)

시어핀스키 카펫을 3차원으로 확장시켜 만든 것이 맹거 스펀지이다. 즉, 정육면체에서 각 면에 시어핀스키 카펫을 적용한 것이라고 볼 수 있다. 3차원인 맹거 스펀지를 직접 손으로 그리기에는 한계가 있으므로 문제는 다음 그림을 참고하여 해결하도록 한다. 그리는 방법은 제시하였다.

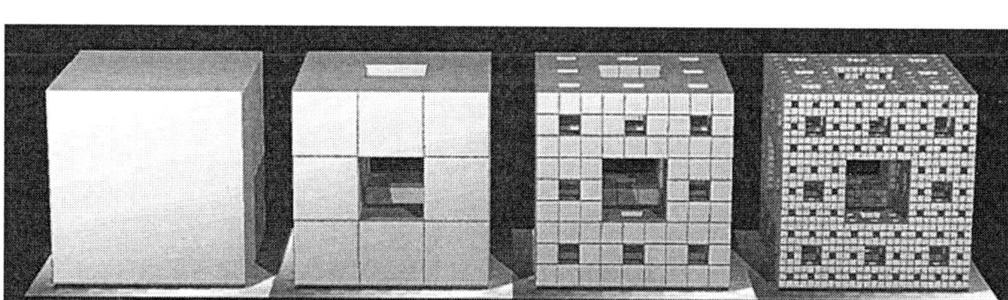[28]

28) https://en.wikipedia.org/wiki/Menger_sponge

<만드는 방법>

0단계 : 정육면체를 만든다.

1단계 : 정육면체의 각 모서리를 3등분하여 27개의 작은 정육면체를 만들고, 중앙의 정육면체와 처음 정육면체의 각 면에 중앙에 있는 작은 정육면체를 제거한다.

2단계 : 각 정육면체에 1단계와 같이 반복한다.

⋮

이 과정을 무한 번 반복한다.

문제 1 맹거 스펀지에서 정육면체의 수

(1) 0단계에서 2단계까지 정육면체의 수를 구하여 보자.

단계	0	1	2
정육면체의 수			

(2) 일반화하여, n단계에서 정육면체의 수를 구하여 보자.

(3) n이 무한히 커질 때, 정육면체의 수는 어떻게 되는가?

문제 2 맹거 스펀지의 부피

(1) 한 변의 길이가 1일 때, 0단계에서 2단계까지 부피를 구하여 보자.

단계	0	1	2
부피			

(2) 일반화하여, n단계에서 부피를 구하여 보자.

(3) n이 무한히 커질 때, 부피는 어떻게 되는가?

문제 3 **맹거 스펀지의 프랙탈 차원을 구하여라.**

맹거 스펀지는 공간상에서 정육면체에서 시작했지만 무수히 많은 점들로 바뀌게 된다. 그래서 정육면체의 개수는 무한하지만 부피는 0이 된다. 그리하여, 3차원에서 출발한 맹거 스펀지의 차원은 2차원대로 줄어들게 된다.

(8) 파스칼 삼각형(Pascal triangle)

파스칼(Blaise Pascal : 1623~1662)은 유명한 프랑스 수학자이자 과학자였다. 그가 스무 살 때 만든 파스칼 삼각형은 서로 다른 n개 중에서 순서를 고려하지 않고 k개를 뽑는 경우의 수를 규칙적으로 배열한 것이다. 이 수는 이항계수로 불리며 $(1+x)^n$을 전개한 다항식에서 x^k의 계수이기도 하다. $(n+1)$행에 나열되어 있는 수가 이 다항식의 계수이다(윤정희, 2003).

1
1 1
1 2 1
1 3 3 1
1 4 6 4 1
1 5 10 10 5 1
1 6 15 20 15 6 1
1 7 21 35 35 21 7 1
1 8 28 56 70 56 28 8 1
1 9 36 84 126 126 84 36 9 1
1 10 45 120 210 252 210 120 45 10 1
1 11 55 165 330 462 462 330 165 55 11 1
1 12 66 220 495 792 924 792 495 220 66 12 1
1 13 78 286 715 1287 1716 1716 1287 715 286 78 13 1
1 14 91 364 1001 2002 3003 3432 3003 2002 1001 364 91 14 1
1 15 105 455 1365 3003 5005 6435 5005 3003 1365 455 105 15 1
1 16 120 560 1820 4368 8008 11440 12870 12870 11440 8008 4368 1820 560 16 1

그의 이름을 딴 파스칼의 삼각형은 이 이항계수를 위와 같이 삼각형 모양으로 배열한 것을 말한다. 이것은 매우 간단한 덧셈을 이용하여 만든 것이지만 이 삼각형에서 나타나는 패턴의 개발과 탐구는 셈(counting), 지수, 대수, 기하, 수론, 조합이나 이항정리와 연관되어 그 의미는 매우 중요하다. 다음 그림의 왼쪽 파스칼 삼각형에서 홀수에 색을 칠하면, 오른쪽 그림이 얻어진다(권종오, 2009; 이경희, 2004).

그림 31 8행 파스칼 삼각형

이 두 그림으로 파스칼 삼각형과 프랙탈의 연관성을 살펴볼 수 있다. 위의 그림의 오른쪽은 1단계 시어핀스키 삼각형을 떠오르게 한다. 같은 방법으로 홀수를 검게 칠한 16행과 32행 파스칼 삼각형을 살펴보자.

그림 32 16행, 32행 파스칼 삼각형

16행 파스칼 삼각형 안에는 $\frac{1}{2}$이 축소된 8행 파스칼 삼각형이 3개 들어있으며, 32행 파스칼 삼각형 안에는 축소된 8행의 파스칼 삼각형 9개, 축소된 16행 파스칼 삼각형 3개가 들어있다. 이러한 형태는 곧 홀수를 검게 칠한 파스칼 삼각형이 시어핀스키 삼각형과 유사한 프랙탈 구조임을 말해주는 것이다.

즉, 16행 파스칼 삼각형은 시어핀스키 삼각형의 3간계와 32행 파스칼 삼각형은 시어핀스키 삼각형의 4단계와 유사함을 알 수 있다.

세포자동자(cellular automata)[29]

파스칼 삼각형은 마치 세포가 자라는 것처럼 특정한 규칙에 따라 행을 연이어 생성하는 과정을 대표한다. 어떤 규칙에 의해서 칸을 색칠하는 것을 생각해 보자. 예를 들어, 홀수인 칸은 검은 색으로, 짝수인 칸은 흰색으로 칠하면 기하 패턴이나 구조가 나타날 것이다. 규칙을 바꾸면 다른 구조가 나타난다. 이와 같은 과정을 세포자동자라고 부른다. 세포자동자는 여러 분야에서 응용되는데, 예를 들면 장애물로 둘러싸인 유체 흐름의 모의실험 같은 것이다.

이 활동에서는 색칠 보기표를 소개하고 탐구한다. 색칠 보기표란 그 행 또는 그 위의 바로 인접하는 행의 칸의 색에 기초하여, 특정한 칸을 색칠하기 위해 필요로 하는 규칙을 시각적으로 보여주는 것이다. 오른쪽에 주어진 색칠 보기표에 기초하여 다음을 색칠해보자.

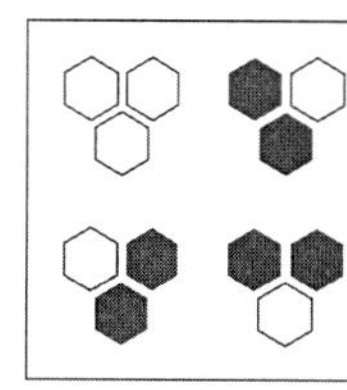

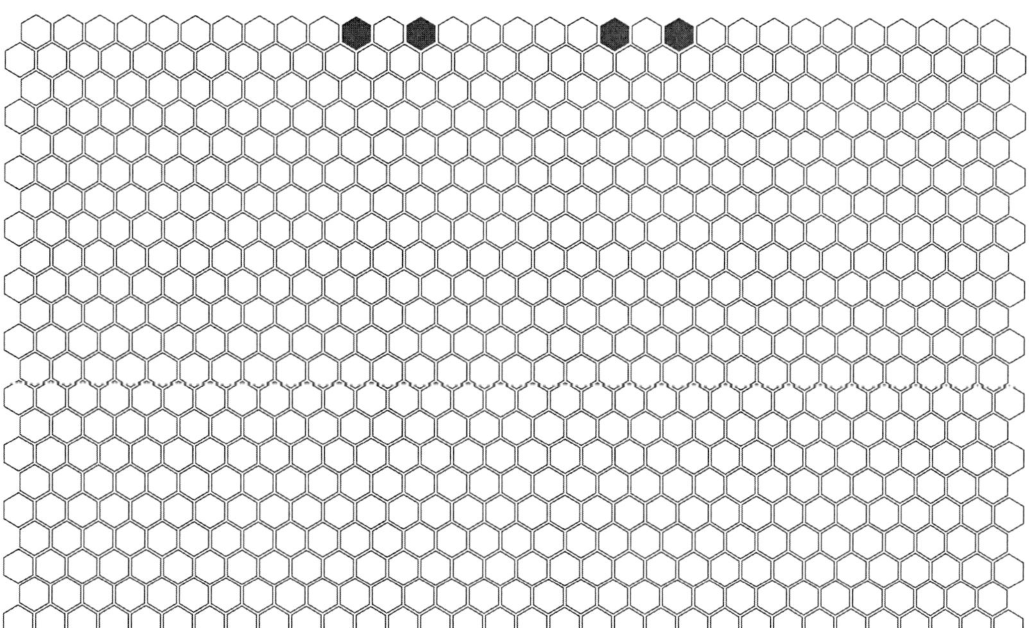

29) 신인선, 류희찬(2002)

문제 1 어떤 패턴을 볼 수 있는가? 이것은 파스칼 삼각형과 어떤 관계가 있는가? 시어핀스키 삼각형과는 어떤 관계가 있는가?

＊ 다음 배열에서 나타난 행을 색칠하는 방법을 생각해 보자. 색칠하기 규칙이 바로 위에 인접한 두 칸을 기초로 한다면, 어떤 색칠 보기표를 사용한 것인지 보기표를 만들어 보자.

문제 2

문제 3

문제 4 다음 색칠보기표를 이용하여 아래 그림을 완성하시오.

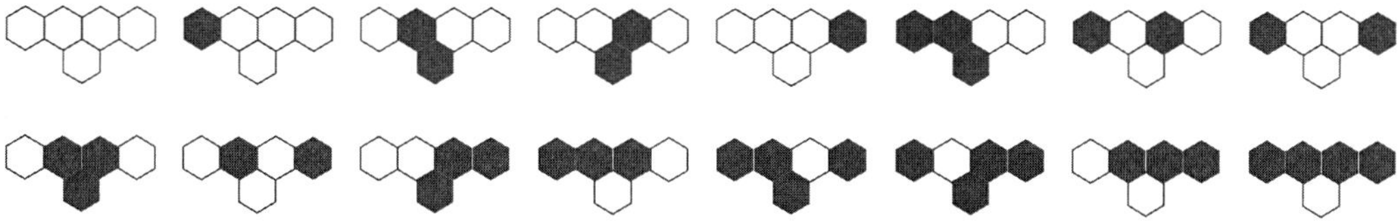

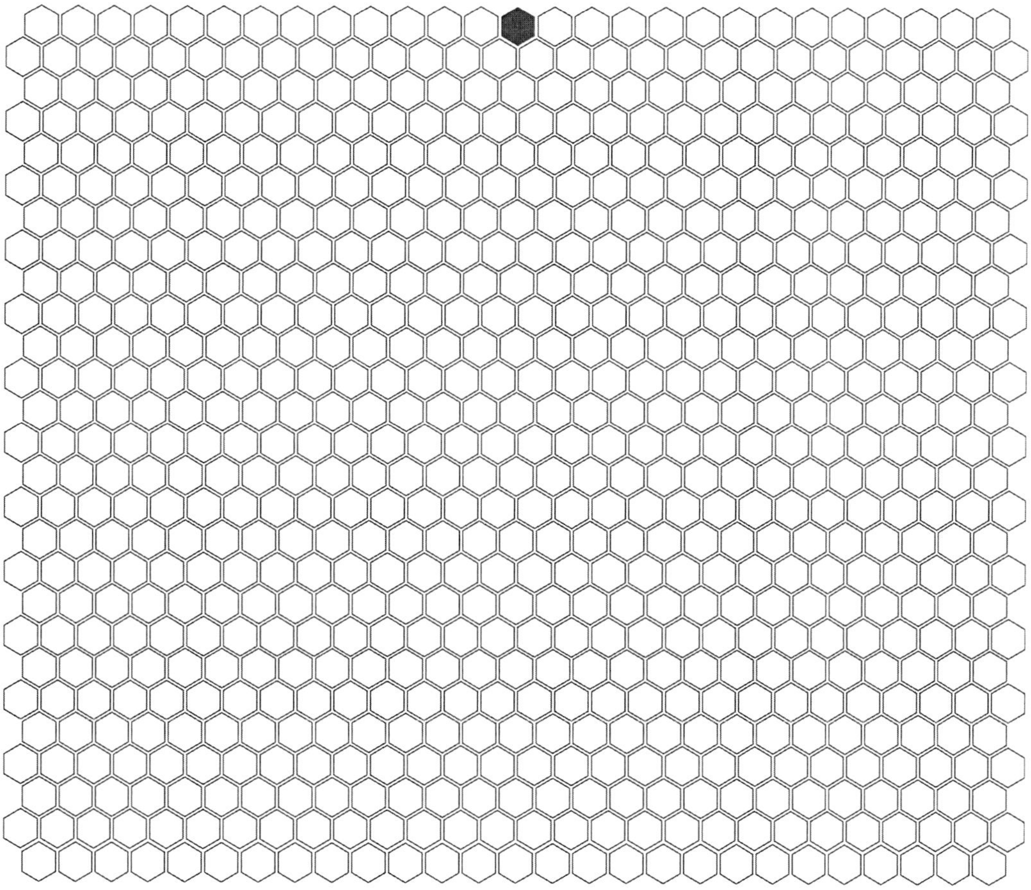

(9) 페아노 곡선(Peano curve)과 힐베르트 곡선(Hilbert curve)

유클리드가 점과 직선을 정의할 때 아무런 '폭'을 갖지 않는 것으로 간주했다는 사실을 배웠다. 실제 현실에서는 점과 직선이 폭을 갖고 있지만 수학적인 측면에서 점과 직선은 폭이 제로인 것이다. 이 유클리드의 정의를 따른다면 아무리 '수학적인 직선'을 많이 긋더라도 2차원의 평면 공간을 채울 수는 없다는 것을 알 수 있다. 제로의 합은 아무리 그 수가 많아도 제로이기 때문이다. 그런데 이탈리아 수학자 주세페 페아노(Jiuseppe Peano, 1858 - 1932)가 그렇지 않다는 것을 보여 줌으로써 수학의 세계를 근본에서부터 뒤흔들어 버렸다(이영기, 2012).

1) 페아노 곡선

1890년 페아노가 제시한 곡선으로, 일반적으로 왼쪽의 페아노 곡선을 쓰지만, 오른쪽의 기울어진 페아노 곡선을 그리기도 한다. 두 그림 모두 2단계까지 실행한 페아노 곡선을 나타낸다. 왼쪽 그림에 정사각형 안에 페아노 곡선이 그리진 이유는 무한 단계로 확장해도 이 정사각형을 벗어나지 않는다는 것을 보여주기 위함이다.

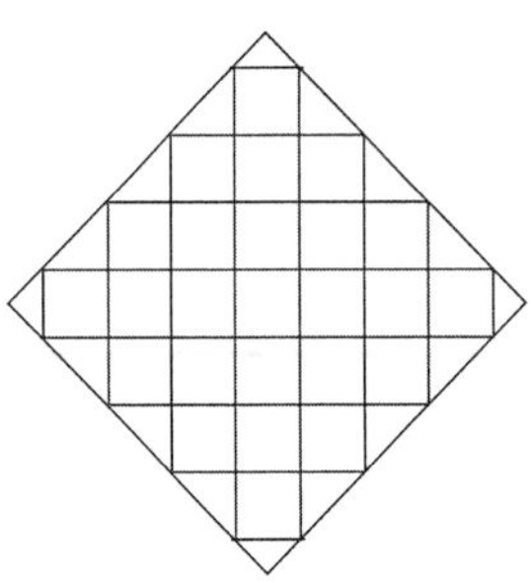

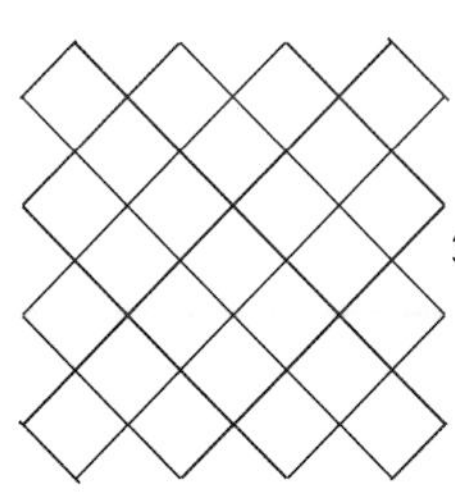
[30]

30) https://ko.wikipedia.org/wiki/%ED%8E%98%EC%95%84%EB%85%B8_%EA%B3%A1%EC%84%A0

<만드는 방법>

0단계 : 선분을 그린다.

1단계 : 다음의 생성자를 그린다.

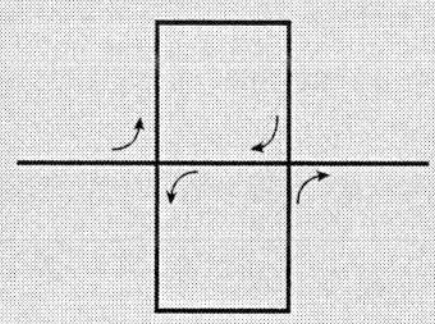

2단계 : 각 변에 1단계의 생성자를 그린다.

⋮

이 단계를 무한 번 반복한다.

페아노 곡선 그리기

0단계

1단계

2단계

문제 1 페아노 곡선에서 선분의 수

(1) 0단계에서 3단계까지 선분의 수를 구하여 보자.

단계	0	1	2	3
선분의 수				

(2) 일반화하여, n단계에서 선분의 수를 구하여 보자.

(3) n이 무한히 커질 때, 선분의 수는 어떻게 되는가?

문제 2 페아노 곡선의 길이

(1) 0단계의 길이가 1일 때, 1단계에서 3단계까지 선분의 길이를 구하여 보자.

단계	0	1	2	3
선분의 길이	1			

(2) 일반화하여, n단계에서 선분의 길이를 구하여 보자.

(3) n이 무한히 커질 때, 선분의 길이는 어떻게 되는가?

문제 3 페아노 곡선의 프랙탈 차원을 구하여라.

페아노 곡선은 1차원인 직선을 이용하여 공간을 메우는 2차원이 된다. 그리하여, 페아노 곡선을 '공간을 채우는 곡선(Space - filling curves)'이라고 부르는 것이다. 프랙탈과 마찬가지로 페아노의 공간을 채우는 곡선은 무한한 반복이라는 단순한 규칙에 기초를 두고 있다. 페아노는 선으로 이루어진 간단한 도형을 정한 다음 이것을 무한히 반복하면서 꾸불꾸불하게 이어나가면 결국에는 아무런 틈새도 없이 2차원 평면을 꽉 채울 수 있다는 것을 보여 준다. 아무런 폭을 가지지 않는 직선이 평면을 채울 수 있다는 사실은 수학자들에게 매우 충격적인 사실이었다. 수학자들은 "수학계에 일어난 지진과 같은 사건"이라거나 "기존의 수학적 의미를 폐허로 만들어 버렸다"라며 당혹감을 감추지 못했다(이영기, 2012). 이제 공간을 채우는 곡선 중 또 다른 예인 힐베르트 곡선에 대해 살펴보자.

2) 힐베르트 곡선

페아노가 '공간을 채우는 곡선'을 발견한지 1년 후 독일 수학자 힐베르트(David Hilbert, 1862 - 1943)도 1891년에 페아노 곡선과 비슷한 것을 발견했다. 그래서 그의 이름을 따서 힐베르트 곡선이라고 부른다. 다음 그림은 또 다른 페아노 곡선과 힐베르트 곡선을 비교한 것이다.

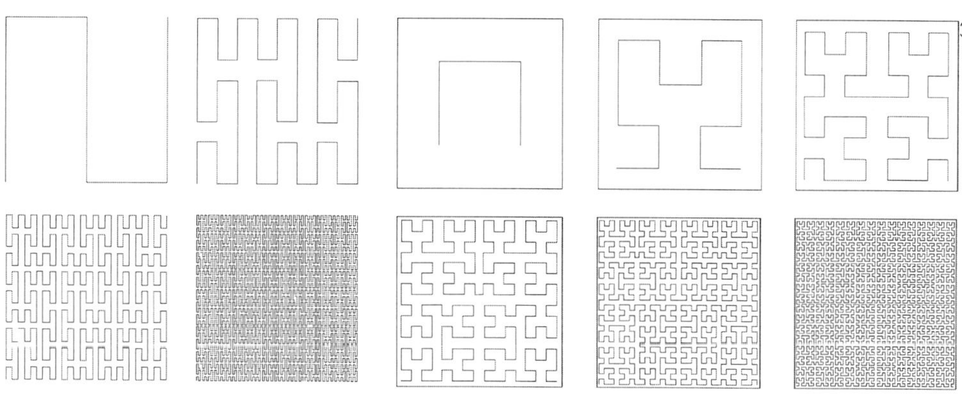
[31]

페아노 곡선　　　　힐베르트 곡선

왼쪽 그림은 왼쪽 첫 번째 그림을 생성자로 하여 4단계까지 진행된 것이고, 오른쪽 그림 역시 왼쪽 첫 번째 그림을 생성자로 하여 6단계까지 진행된 것이다. 차원을 계산하여 2차원이 나온다고 알고 있지만, 그림을 보면 더욱 신뢰가 갈 것이다. 위의 두 그림을 무한 단계로 확장하면 주어진 평면, 즉 정사각형을 가득 채울 수 있을 것이라고 짐작할 수 있다.

31) http://blog.naver.com/bjp3627/220195071393

(10) 프랙탈 나무(Fractal tree)와 피타고라스 나무(Pythagoras tree)

1) 프랙탈 나무

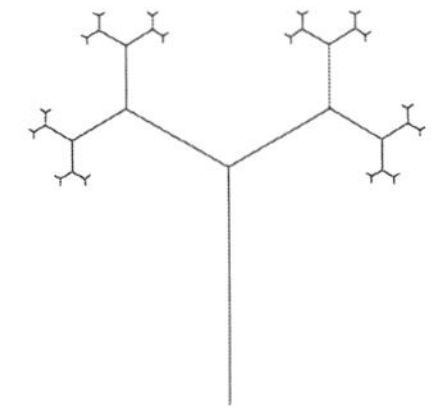

이전의 장들에서 살펴본 것처럼 자연에서 프랙탈을 많이 찾아볼 수 있었다. 그 대표적인 것 중에 하나가 바로 나무이다. 이 나무를 프랙탈적으로 그려볼 것이다. 프랙탈 나무는 우리가 많이 접하고 있는 나무의 특성을 파악하여 프랙탈 형태로 만들어 놓은 것이다. 나무에 그려지는 가지의 규칙을 변화시키면 다양한 프랙탈 나무를 만들 수 있다. 먼저 가장 기본적인 프랙탈 나무를 만들어 보자.

<만드는 방법>

0단계 : 직선을 세로로 하나 그린다.

1단계 : 직선의 끝점에서 양쪽으로 45도 방향으로 길이가 처음의 $\frac{1}{2}$인 새로운 가지를 두 개 그린다.

2단계 : 1단계에서 생성된 2개의 새로운 가지의 끝점에서 양쪽으로 45도 방향으로 1단계에서 생성된 가지의 길이의 $\frac{1}{2}$인 새로운 가지를 두 개 그린다.

3단계 : 2단계에서 생성된 4개의 새로운 가지의 끝점에서 양쪽으로 45도 방향으로 2단계에서 생성된 가지의 길이의 $\frac{1}{2}$인 새로운 가지를 두 개 그린다.

⋮

이 과정을 무한 번 반복한다.

프랙탈 나무 그리기

0단계

1단계

2단계

3단계

4단계

5단계

문제 1 **프랙탈 나무 가지의 수**

(1) 0단계에서 5단계까지의 가지의 수를 구하여 보자.

단계	0	1	2	3	4	5
가지의 수						

(2) 일반화하여, n단계에서 가지의 수를 구하여 보자.

(3) n이 무한히 커질 때, 가지의 수는 어떻게 되는가?

문제 2 **프랙탈 나무의 한 가지 길이**

(1) 0단계에서 선분의 길이를 1이라 할 때, 1단계에서 5단계까지 한 가지의 길이를 구하여 보자.

단계	0	1	2	3	4	5
길이						

(2) 일반화하여, n단계에서 한 가지의 길이를 구하여 보자.

(3) n이 무한히 커질 째, 한 가지의 길이는 어떻게 되는가?

문제 3 **프랙탈 나무 길이의 합**

(1) 0단계에서의 선분의 길이를 1이라 할 때, 1단계에서 5단계까지 모든 가지들의 길이의 합을 구하여 보자.

단계	0	1	2	3	4	5
합						

(2) 일반화하여, n단계에서 모든 가지들의 길이의 합을 구하여 보자.

(3) n이 무한히 커질 때, 모든 가지들의 길이의 합은 어떻게 되는가?

프랙탈 나무도 시어핀스키 삼각형이나 시어핀스키 카펫처럼 다양한 변형이 있다. 대표적인 변형은 1단계에서 나뭇가지의 벌어지는 정도를 변형하는 것이다. 예를 들면, 우리가 그린 프랙탈 나무는 중심에서 45도씩 벌어진 것이지만, 이 각도를 60도로 설정하거나 15도로 결정할 수 있다. 그 외에도 다양하게 각도를 변형하기도 하고 좌우의 나뭇가지의 벌어진 정도를 동일하게 하지 않고 달리하거나 좌우 나뭇가지의 길이를 달리하거나 나뭇가지의 숫자를 달리하는 등 다양하게 프랙탈 나무의 변형을 다음과 같이 만들 수 있다(아래 그림 참고). 또는 새로운 측면에서 나무를 프랙탈적으로 그릴 수도 있다. 그 중 하나가 피타고라스 나무이다. 이를 살펴보자.

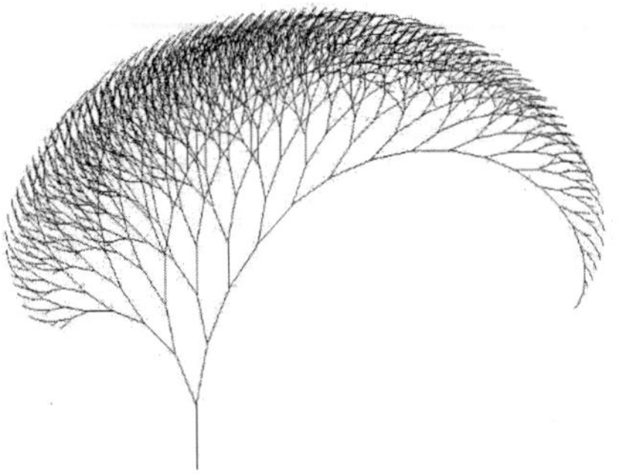

2) 피타고라스 나무

피타고라스는 B. C. 500년경의 유명한 그리스 수학자이자 철학자로 '피타고라스의 정리'라 부르는 직각삼각형의 세 번의 길이 a, b, c 사이의 관계를 발견하였다.

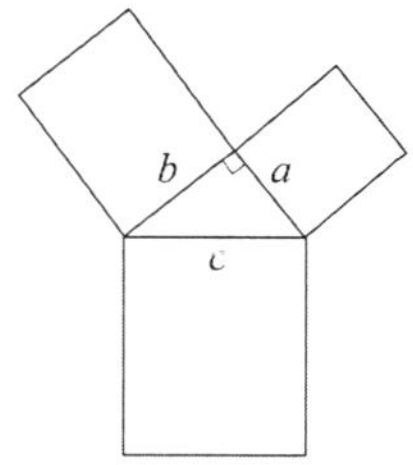

$a^2+b^2=c^2$

이 발견은 $a:b:c$가 반드시 자연수나 유리수의 비가 아님을 밝혀 무리수로 확장된 수 체계의 필요성을 제기하게 되었다. B. C. 300년경 유클리드가 두 변이 1인 직각삼각형에서 빗변의 길이가 무리수 $\sqrt{2}$ 임을 증명하였다. 이제 피타고라스 정리와 프랙탈과의 관계를 피타고라스 나무를 통하여 살펴보자.

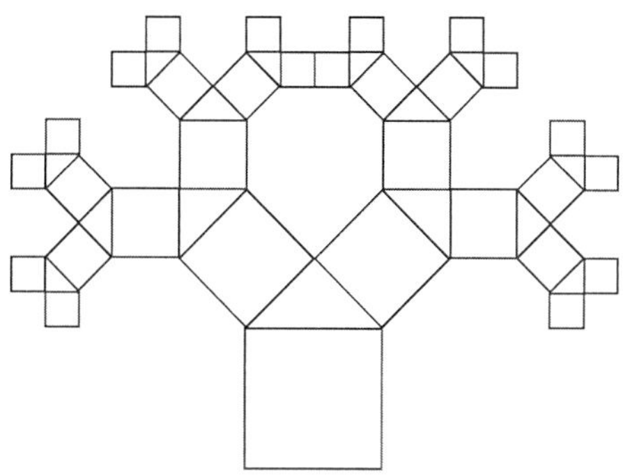

위의 그림은 정사각형으로 시작하여 한 변에 한 각은 90도를 그리고 남은 두 각이 각각 45도를 가지는 직각이등변삼각형을 그리고, 다시 삼각형의 두 변에 각 변을 한 변으로 하는 정사각형 두 개를 이어서 그리면 3단계가 완성되고, 이 과정을 반복하여 8단계로 만든 도형이다.

<만드는 방법>

0단계 : 정사각형을 하나 그린다.

1단계 : 정사각형의 한 변의 길이를 빗변으로 하는 직각 이등변 삼각형을 한 개 이어 그린다.

2단계 : 1단계에서 그린 직각 이등변 삼각형의 빗변이 아닌 변을 한 변으로 하는 정사각형을 두 개 이어 그린다.

3단계 : 2단계에서 그린 각 정사각형의 한 변을 빗변으로 하는 직각 이등변 삼각형을 한 개 이어 그린다.

⋮

이 과정을 무한 번 반복한다.

피타고라스 나무 그리기

0단계

1단계

2단계

3단계

4단계

5단계

6단계

7단계

8단계

9단계

10단계

11단계

문제 1 **피타고라스 나무에서 삼각형의 넓이의 합**

(1) 0단계에서 정사각형의 한 변의 길이를 1이라할 때, 1단계에서 11단계까지 각 단계의 하나의 삼각형 넓이를 구하여 보자.

단계	1	3	5	7	9	11
삼각형의 넓이						

(2) 단계가 무한히 커질 때, 하나의 삼각형의 넓이는 어떻게 되는가?

문제 2 **피타고라스 나무에서 사각형 넓이의 합**

(1) 0단계에서 정사각형의 한 변의 길이를 1이라할 때, 2단계에서 10단계까지의 각 단계의 하나의 사각형 넓이를 구하여 보자.

단계	0	2	4	6	8	10
정사각형의 넓이						

(2) 단계가 무한히 커질 때, 하나의 사각형의 넓이는 어떻게 되는가?

문제 3 **단계가 무한히 커질 때 피타고라스 나무 전체의 넓이는 얼마인가?**

다음 그림은 정사각형으로 시작하여 두 변의 크기가 다른 직각삼각형을 이어가는 구조가 삼각형을 잇는 방향에 따라 서로 다름을 보여준다. 즉, 직선방향으로 뻗어 가는 피타고라스 나무와 반시계 방향으로 말려 들어가는 피타고라스 나무의 서로 다른 생성과정을 보여준다.

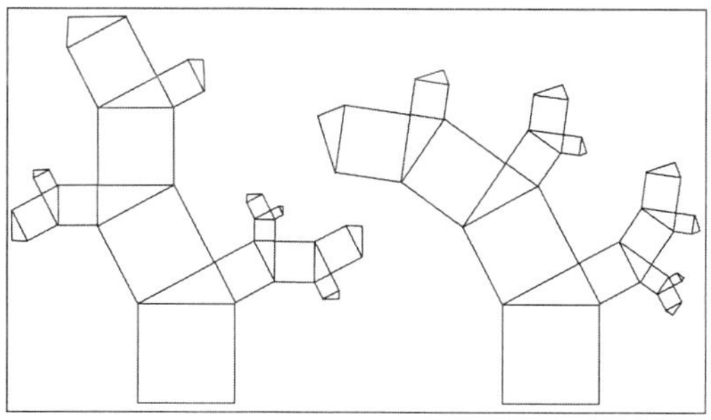

그림 32 피타고라스 나무 생성의 두 가지 구조

다음 그림은 위의 그림에서 두 번째 방법으로 50회 생성단계를 거친 피타고라스 나무의 형상이다. 그 밖에도 정사각형과 정삼각형, 정사각형과 둔각삼각형 등 초기 선택도형에 따라 다양한 피타고라스 나무를 만들 수 있다.

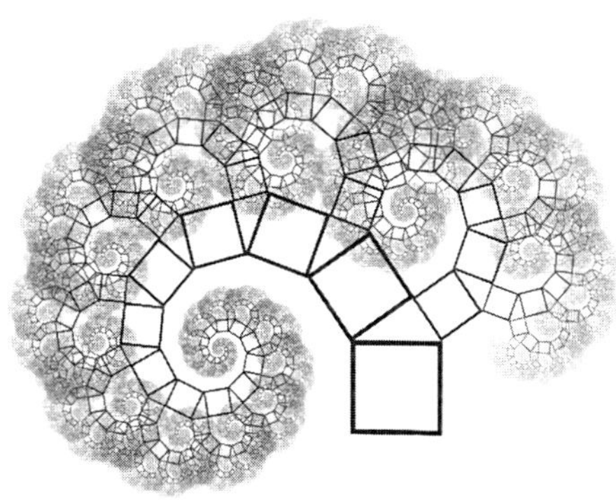

그림 33 말려들어가는 피타고라스 나무

(11) 줄리아 집합(Julia set)과 만델브로 집합(Mandelbrot set)

1) 줄리아 집합

줄리아 집합은 제1차 세계 대전 무렵 프랑스의 수학자 가스통 줄리아(Gaston Maurice Julia, 1893~1978)와 피에르 파뚜(Pierre Joseph Louis Fatou, 1878~1929)에 의해 처음 연구되었다. 줄리아 집합을 정의하기에 앞서 우선 다음과 같은 성질을 갖는 함수에 대해 생각해 보기로 한다.

$y=f(x)$라는 함수식이 있을 때, x, y 대신 x_n, x_{n+1}을 대입하여 $x_{n+1}=f(x_n)$을 생각하기로 하자. 이와 같이 결과가 다음 단계의 원인으로 대입되는 함수를 재귀함수라고 한다. 이 재귀함수에 초깃값 x_0를 넣으면,

$$x_0,\ x_1,\ x_2,\ x_3,\ \cdots,\ x_n,\ \cdots$$

의 수열이 발생하고, 이 수열은 초깃값 x_0에 따라 그 양상이 달라진다. 여기서 실수 대신 복소수를 사용하게 되면 엄청난 변화가 발생한다. 복소함수 $f(z)$와 초기 복소수 값 z_0로부터 하나의 복소수열 $\{z_n\}$가 만들어진다.

$$z_0,\ z_1,\ z_2,\ \cdots,\ z_n,\ \cdots$$

복소수는 복소평면에 한 점으로 나타낼 수 있기 때문에 위의 복소수열은 복소평면상에 하나의 점열로 나타내어지고, 이 점들의 움직임을 궤적 또는 궤도라 한다. 이처럼 복소평면상의 점열이 그리는 시스템을 복소함수 f에 의한 '복소역학계'라고 부르고, 이 점열 $\{z_n\}$은 f라는 법칙에 따라 이루어진다.

이제 줄리아 집합을 살펴보자. 복소함수 $f(z)=z^2+c(c=a+bi)$라는 간단한 이차식으로부터 만들어진 재귀함수 $z_{n+1}=f(z_n)$에 대해 생각한다. 우선 쉬운 예로 $c=0$인 경우를 살펴보자. 이 함수에서 초깃값 z_0의 절댓값 $|z_0|$가 1보다 작은 경우에는 제곱을 거듭할수록 원점에 근접해간다. 즉, $|z|\le 1$인 점들은 제곱하는 과정을 반복함에 따라 0이나 1에 수렴하지만(설혜윤, 2009), $|z|>1$인 점들은 제곱을 반복하게 되면 발산한다. 이는 0이라는 점이 자신의 영향권 안의 점들을 모두 끌어당기는 것과 흡사한데, 이처럼 끌어당기는 점을 끌개(attractor)라 부른다. 끌개에 대한 설명은 이후 카오스에서 더 자세히 설명할 것이다. 그리고 $|z_0|=1$인 점들, 즉, 반지름이 1인 단위원 둘레의 점들은 제곱을 하여도 다시 단위원 위의 점이 된다. 그러나 $|z_0|>1$인 점들, 즉 단위원의 밖에 있는 점들을 초깃값으로 하면 이들은 무한히 발산하게 된다. 이는 무한점 어딘가에 또 다른 끌개가 존재하여 점들을 무한대로 끌어당기는 것과 흡사하다. 이처럼 어떠한 경계로 인하여 안과 밖의 흐름이 구분이 될 때 그 경계를 줄리아 집합이라 한다(이현아. 2004). 따라서 $c=0$인 경우 $|z|\le 1$인 점들이 줄리아 집합이 된다. c를 임의의 복소수라 하고, 복소평면 위의 점

들을 $z_{n+1} = z_n^2 + c$에 따라 재귀시켜 수렴하는 점들을 검게 표시하고 발산하는 점들에 색깔을 안 칠하면 프랙탈 모양이 된다(설혜윤, 2009).

이제 $f(z) = z^2 + c$에서 c를 변화시키게 되면 다음 그림에서와 같이 c에 따라 서로 다른 그림들이 무한히 많이 탄생하게 되는 것이다. (ㄱ)은 $c = 0.2733 + 0.074i$일 때이고, (ㄴ)은 $c = -0.194 + 0.656i$일 때의 줄리아 집합이다.

(ㄱ)

(ㄴ)

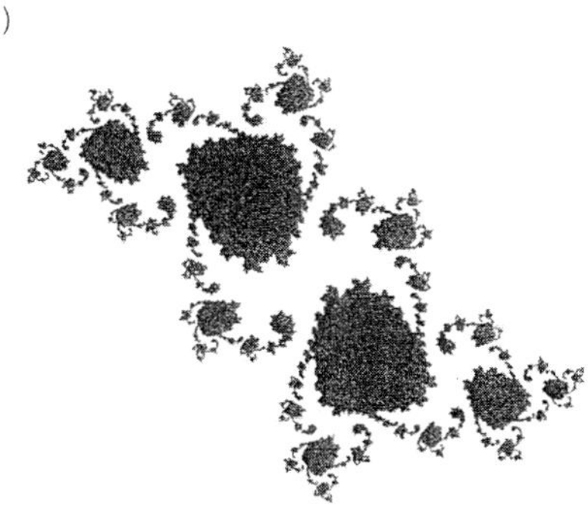

다음 그림에서 보듯이 어떤 것들은 두꺼운 그림같이 보이고, 어떤 것들은 바싹 여윈 장미 덤불 같으며, 어떤 것들은 불길이 사라진 후에 공중에 떠 있는 불꽃처럼 보이는 것들도 있다. 토끼 모양이나 해마의 꼬리 형상을 하고 있는 것들, 분산되어 따로따로 흩어져 있는 먼지 같은 형상 등 믿을 수 없을 정도로 많은 종류의 줄리아 집합이 있다.

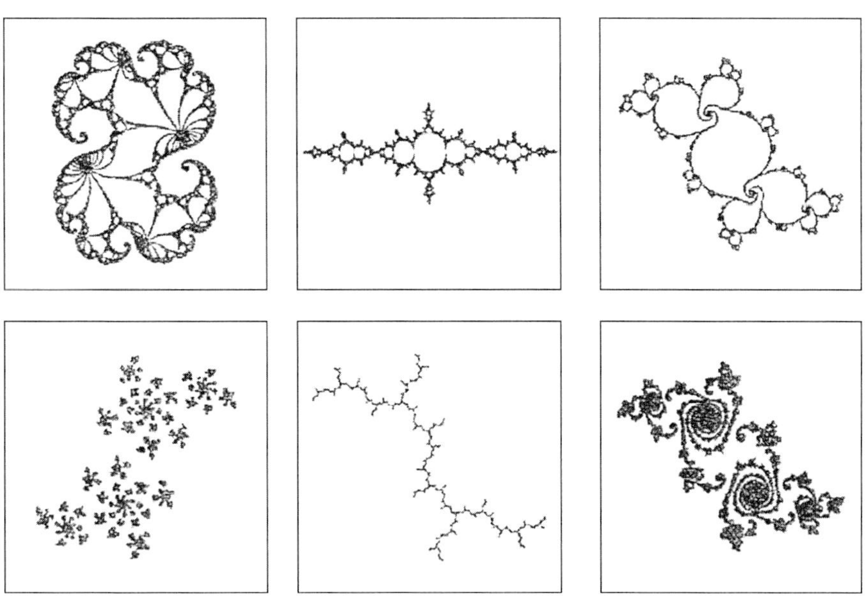

줄리아 집합은 만델브로 집합과 밀접한 관계가 있다. 만델브로 집합도 줄리아 집합처럼 자기복제를 반복한다. 줄리아 집합이 나타나고 그 이후에 줄리아 집합에서 만들어낸 것이 만델브로 집합이다. 어떠한 관계가 있는지 살펴보자.

2) 만델브로 집합

> "수학에서 가장 복잡한 대상은 만델브로 집합 프랙탈이다. (중략) 이것은 너무나 복잡해서 인간이 인위적으로 통제할 수가 없고 그저 '카오스'라고 표현할 수밖에 없다"
>
> \- 브누아 만델브로(이영기, 2012)

앞에서 설명한 것처럼 줄리아 집합은 c의 값에 따라 각기 다른 형상을 띠고 있는데, 만델브로는 줄리아 집합을 총체적으로 이해하기 위해서 이러한 c의 값에 대한 어떤 정리가 필요하다고 생각했다. 그 내용정리가 1980년에 완성되었으며, 그의 이름을 따서 만델브로 집합이라 부른다. 만델브로 집합은 연결된 줄리아 집합을 갖는 c값 모두로 이루어져 있다(이현아. 2004).

줄리아 집합을 만드는 방정식에서 c값에 관계없이 줄리아 집합에는 두 가지 유형만 있게 된다. 경계 안에 있는 면적이 모두 연결되어 있던지(무한대로 발산하지 않던지) 혹은 무한히 많이 서로 분리된 조각으로 이루어져 있다. 이 정의로부터 만델브로 집합의 모양을 그려낼 수 있는데, 만일 어떤 복소수 c에 대응하는 줄리아 집합이 완전히 분리된 것이라면 복소평면에서 그 점을 하얗게 표시한다. 만일 줄리아 집합이 연결되어 있으면 그 점은 검게 표시한다. 이 정의를 그대로 사용하면 만델브로 집합을 그릴 수 있다(이경희, 2004).

수학자 허바드(John Hubbard)와 두아디(Adrien Douady)가 그 집합을 빠르게 만들어 내는 방법을 찾아냈다. 그들은 주어진 c값에 대하여 점 0에서 시작하여 생긴 수열이 유계로 남아 있는지 알아보기만 하면 충분하다는 것을 증명하였다. 만일 그렇다면 그 점 c는 만델브로 집합에 속하게 된다. 이를 기호로 나타내면,

$$M = \left\{ c \mid z_{n+1} = z_n^2 + c,\ z_0 = 0,\ \lim \mid z_n \mid < \infty \right\}$$

이 되고, 그 집합을 찾는 일은 결국 수열 $c, c^2+c, (c^2+c)^2+c, \cdots$를 계산하여 그 수열의 궤적이 어떠한지 파악하기만 하면 된다. 예를 들면, $c=-1+0i$는 그 수열이 0과 -1 사이를 움직이기 때문에 만델브로 집합 안에 속한다. 그러나 $c=1+0i$는 값이 점점 커지

면서 무한대로 향하기 때문에 집합에 속하지 않는다.

만델브로 집합은 모든 크기에서 미세구조를 가지고 있다. 보다 가까이에서 확대해 보면 배율이 커질수록 점점 더 환상적이고 복잡하게 보이는 미세구조가 나타난다. 경계를 확대하여 보면 여러 가지 덩굴손과 소용돌이 모양들이 드러나지만 모든 것이 다 연결되어 있다. 컴퓨터로 확대해서 관찰하는 곳마다 작은 만델브로 도형들이 숨어있고 더 크게 확대할수록 더욱 작은 만델브로 집합의 복사형태들이 나타난다. 실제로 만델브로 집합은 무한히 많은 자기 자신의 복사형들을 품고 있고, 그들은 모두 가느다란 선들로 이어져 있다. 그러나 세부 모양은 배율과 도형의 정확한 위치에 따라 상이하다. 즉, 엄밀한 자기닮음은 아니지만 비슷한 구조를 가지는 프랙탈인 것이다.

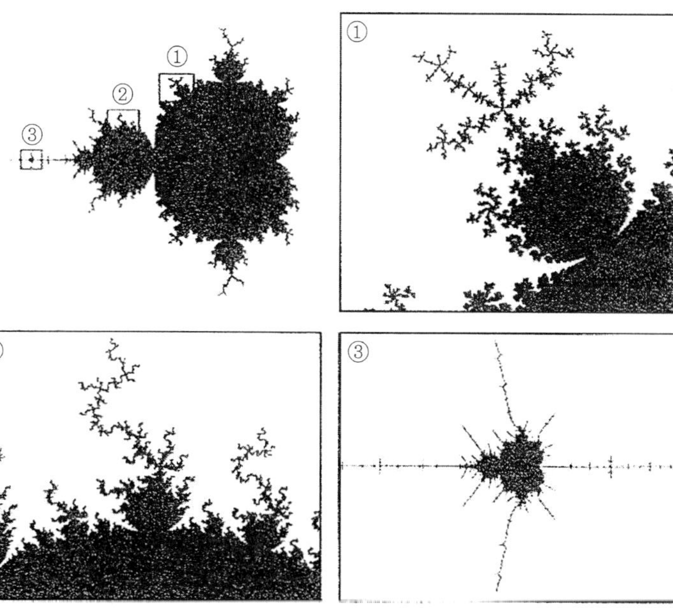

만델브로 집합은 어느 부분을 확대해도 원래의 모습을 닮은 작은 만델브로 집합이 계속해서 나타나므로 집합의 경계는 그 둘레의 길이가 무한대이다. 그 경계는 곡선이지만 그 프랙탈 차원은 2차원임이 일본인 수학자 시시쿠라(Mitsuhiro Shishikura)에 의해 증명되었다. 또한 1982년 두하디와 허바드에 의해 만델브로 집합이 연결집합임이 밝혀졌다(이현아. 2004).

다음 그림에서 (ㄱ)은 $f(z)=z^3+c$, (ㄴ)은 $f(z)=z^4+c$, (ㄷ)은 $f(z)=z^5+c$, (ㄹ)은 $f(z)=z^6+c$이다.

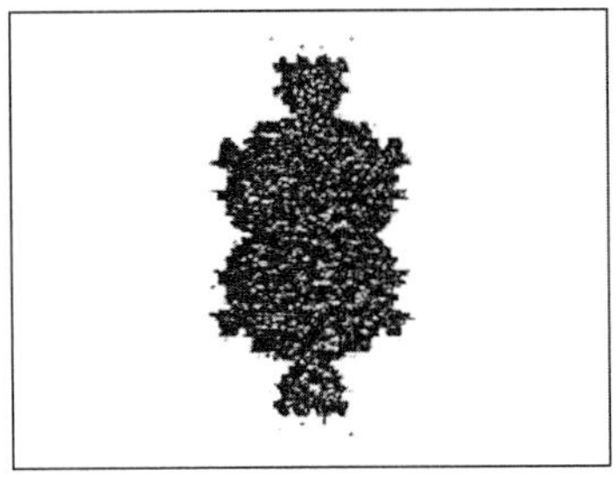

(ㄱ)

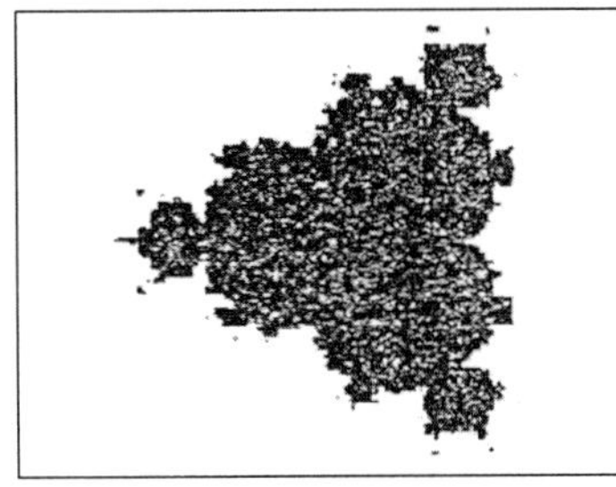

(ㄴ)

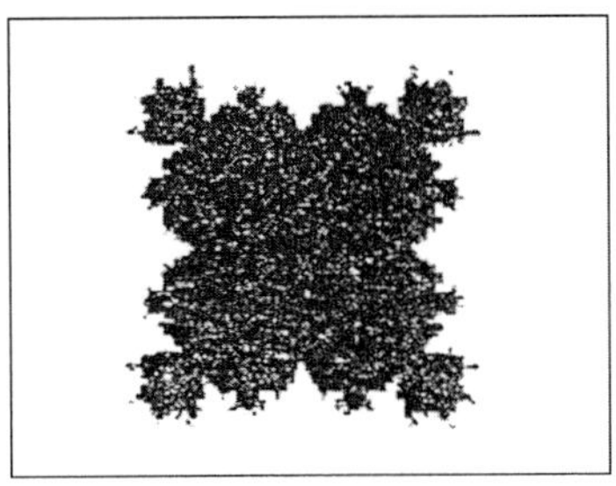

(ㄷ)

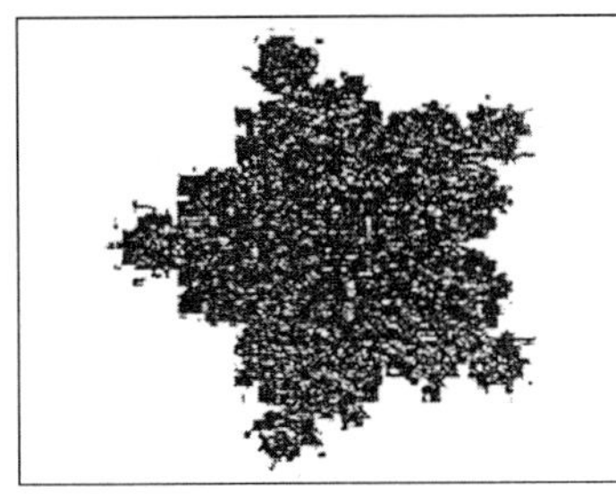

(ㄹ)

이전에 살펴본 프랙탈의 차원을 구하는 방법으로 일반적인 프랙탈 도형들의 차원을 구하면, 전체의 차원을 구하여 보아도 그 일부분의 차원을 구하여 보아도 프랙탈 차원은 똑같다. 코흐곡선 전체의 차원은 약 1.26차원이고 그 일부분의 차원도 역시 약 1.26차원이다. 이처럼 보통의 프랙탈 도형은 대역적인 차원과 국소적인 차원이 일치한다. 그것은 생성자가 하나였으므로 당연한 일이다. 그러나 만델브로 집합은 대역적인 차원과 국소적인 차원이 다르다. 국소적으로 1.5차원인 것들을 모아서 만든 전체의 차원은 1.3이 되는 것이다. 만델브로 집합과 같은 프랙탈을 멀티프랙탈이라고 한다(김민호, 2003).

(12) 아핀변환(Affine transformations)

반슬리(Michael Barnsely)는 주어진 자연물에 들어맞는 특정한 프랙탈을 만들고자 하였는데 그의 생각의 핵심에 아핀변환이 있다. 어떤 기하적 도형의 모든 점들이 변환에 의해 옮겨졌을 때, 도형은 보통 어떤 방법으로 변화될 것이다. 확대, 축소, 평행이동, 회전이동만으로 도형을 변화시키는 경우 그 변환을 아핀변환이라 한다. 예를 들어 나뭇잎의 경우에 더 작고 틀어진 그 나뭇잎의 본을 찾아서 함께 맞추고 하나를 부분적으로 겹쳐지게 다른 것 위에 쌓으면 콜라쥬를 형성하게 되어 거의 처음 잎 전체가 이루어진다. 각각의 틀어지고 줄어든 본은 특정한 아핀변환에 의하여 만들어졌다고 할 수 있다. 만일 전체 잎과 비슷한 네 개의 잎의 복사형을 취하면 그러한 네 개의 변환이 있게 되는 것이다.

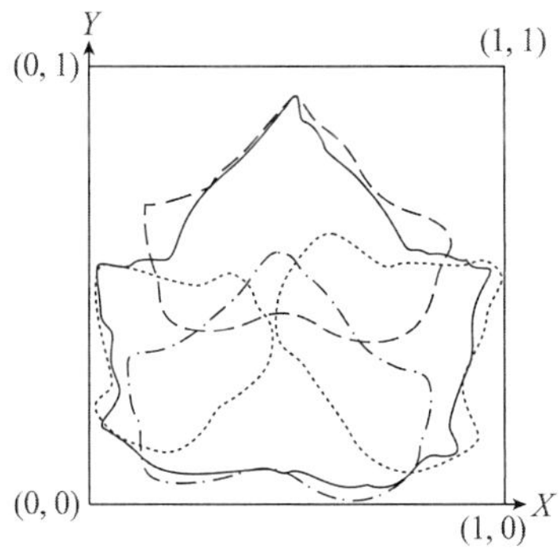

그림 34 나뭇잎을 이루는 네 개의 작은 아핀변환

그림 35 아핀변환에 의한 나뭇잎

자기유사성을 잘 나타내주는 것이 IFS(Iterated Function System)[32]이다. 앞에서 설명한 프랙탈의 특징 중 재귀를 적용한 것으로, 이를 재귀함수 시스템이라고 부른다. IFS는 일차변환의 확장이라고 볼 수 있는 아핀변환 $w_1, w_2, \cdots, w_n$들의 모임 W에 초기 이미지 A_0를 적용한 후 그 결과를 다시 W에 적용하는 시스템이다. 즉, $W(A_n) = A_{n+1}$이라 할 수 있다. 여기서 W들을 무한히 적용시켰을 때의 결과가 프랙탈이라고 할 수 있으며, IFS는 자기유사성이나 자기동형의 성질을 만든다(이현아, 2004).

32) 1980년대 반슬리가 IFS라는 용어를 처음 사용하고 그 이론을 데이터의 전송에 적용시켰는데, 그림대신 몇 개의 함수만 적어 보냈기 때문에 데이터 압축의 응용에 매우 중요했다. IFS는 컴퓨터 화면상에 흥미로운 형태를 그려내기 위해 효과적이고 자기닮음을 띤 프랙탈을 매우 간결하게 표현할 수 있다.

제2장

카오스와 복잡성

1. 카오스(Chaos)
2. 카오스 게임
3. 복잡성

2 카오스와 복잡성

프랙탈을 설명하면서 가끔씩 등장하는 용어가 카오스와 복잡성이다. 두 이론 모두 다 이해하기 어렵기는 하지만 우리가 일상적으로 많이 접하고 있는 것들이다. 일반적으로 카오스 이론은 혼돈 이론이라고 부르는 것으로 수학은 물론이고 천문학, 물리학, 사회과학 등의 분야에서 많이 사용되고 있는 이론이다. 복잡성 이론 역시 마찬가지이다. 먼저 카오스에 대해 살펴보고, 복잡성에 대해 알아보자.

1 카오스(Chaos)

카오스의 정의

카오스란 그리스어에서 기원하며, 그 뜻은 세상의 여러 가지 무질서한 상태, 즉 우주가 생성되는 과정 중 최초의 단계로 천지의 구별과 질서가 없는 혼돈의 상태를 말한다(김세정, 2009). 카오스라는 용어는 1975년 미국 메릴랜드 대학의 수학교수 요크(J. Yorke)와 그의 대학원생 이천암(중국)이 쓴 논문(Period Three Implies Chaos)의 제목에서 비롯되었다. 이들은 생물의 증가 수에 관한 함수식을 컴퓨터로 계산하는 과정에서 변수의 값에 따라 그 그래프가 미묘하게 변하면서 마침내는 카오스 상태가 된다는 사실을 발견하였다. 카오스는 정식으로 '비선형역학계에 형성되는 불규칙한 진동현상'이라는 까다로운 표현으로 정의된다(홍승필, 2006).

카오스 이론은 종래의 과학으로는 설명할 수 없었던 불규칙적인 현상의 배후에 감춰져 있는 규칙성을 찾는 이론이다. 카오스를 한마디로 설명하자면 정량적(quantitative)인 방법으로 설명할 수 없는 자연현상들을 정성적(qualitative)으로 측정하려는 시도라 할 수 있으며, 자연현상에서 나타나는 혼돈이론에 대한 혁신적인 전망을 열어 주었다(김세정, 2009). 이 카오스 이론의 선구자로는 포엥카레(Henri Poincare)를 들 수 있다. 태양계의 궁극적인 안정성에 관한 문제, 즉 태양과 9개의 행성 그리고 소행성과 수많은 위성들이 안정된 궤도를 계속 돌 것인가, 아니면 어느 행성이 궤도를 이탈해 태양과 충돌할 것인가의 문제에 대하여 뉴턴 역학은 지구의 공전주기를 태양과 지구만을 고려하지만 포엥카레는 두 물체만을 고려해서는 안 된다고 생각했다. 그러나 지구와 달의 관계에서 태양을 고려할 때 삼체문제는 뉴턴의 방정식으로 풀리지 않는다. 포엥카레는 태양계는 본질적으로 다체문제이기 때문에 비선형 방정식으로 풀 수밖에 없다고 결론짓고 새로운 방정식을 구성하였다. 포엥카레는 보존계에서 초기 조건에 대한 민감한 의존성을 낳는 동질 엉킴의 궤적을 발견했지만 거의 모든 과학자들은 50년 가까이 이러한 결과를 무시했다(Jackson, 1989; 김태균, 2010, 참고).

카오스 이론은 오늘날 상대성 이론, 양자 역학과 함께 20세기 과학의 3대 혁명으로 일컬어지고 있으며, 이전의 과학이 다루지 못하던 현상과 주제들을 연구 대상으로 삼고 있다는 점에서 기존의 패러다임을 뒤바꿀 수 있는 새로운 개념으로 각광받고 있다(김용운, 김용국, 1992).

그렇다면 앞에서 살펴보았던 프랙탈과는 어떤 관계가 있을까? 카오스의 기하학이라 불리는 프랙탈은 자연계의 구조적 불규칙성을 기술하고 분석할 수 있는 기하학이다. 순수수학에서 단순한 개념으로 출발한 프랙탈은 기존의 유클리드 기하학에서 곡선이나 곡면만으로는 설명하기 어려운 자연의 복잡한 모양과 현상들과 비선형적인 상태 등을 밝히는 데 중요한 위치를 차지하고 되었고 카오스 문제를 이해하는 데 새로운 혁신적인 시각을 제공하였다(이명식, 2009).

결정론

1960년대부터 이러한 자연의 혼돈이나 무질서 현상에 대해 본격적인 연구가 시작되었는데, 이 분야의 과학은 카오스 또는 프랙탈 과학이라 부른다. '무질서'는 오늘날 물리학 분야에서 가장 활발하게 다루어지고 있는 주제이다. 무질서 현상은 크게 두 가지로 나누어 생각할 수 있는데, 하나는 현미경 사진에서 볼 수 있는 복잡한 광물 배열과 같이 자연 속에 존재하는 무질서 현상이고, 또 하나는 결정론적인 수학 방정식에서 비롯되는 카오스적인(프랙탈) 도형이다. 카오스 이론은 자연의 모습뿐만 아니라 일기의 불규칙적인 변화라든가 지자기 역전 현상 그리고 그 밖의 생물학적, 사회심리학적 혼돈 현상까지도 포괄하여 연구 대상으로 삼고 있다. 특히, 나비효과(the Butterfly Effect)와 이상한 끌개(strange attractor)의 연구로 자연의 혼돈 현상을 수학적인 모델로 나타낼 수 있다는 사실이 밝혀짐으로써 카오스 이론은 더욱 발전하였다(김용운, 김용국, 1992). 이 두 가지에 대한 설명은 뒤에서 자세히 이루어질 것이다.

카오스란 결정론에 따르는 계이지만 정해진 단순한 행동이 아니라 극히 복잡하고 불규칙하면서 불안정한 행동을 보여주고, 초깃값을 정했다고 생각해도 그 이후 상태가 변동을 계속하며 먼 장래의 상태가 어떻게 될지 예측할 수 없는 현상이다. 아이하라 가즈유키는 카오스를 다음과 같이 정의하고 있다. "카오스란 어떤 계가 확고한 규칙에 따라 변화하고 있음에도 불구하고, 매우 복잡하고 불규칙하면서 동시에 불안정한 행동을 보여서 먼 미래의 상태를 전혀 예측할 수 없는 현상이다." 여기서 확고한 규칙, 즉 결정론적 법칙에서 '결정론'이라는 것은 어떤 계가 움직이는 방법의 규칙이 완전히 정해져 있어서 움직이는 과정에서 주사위나 동전 던지기와 같은 확률적 불확실성이 전혀 없고, 초깃값이 정해지면 그 이후의 모든 상태가 결정되는 것을 말한다. 카오스 이론은 결정론을 파기하는 것이 아니라 고전적인 물리학의 신념이었던 '예측가능성'에 대한 믿음을 일부 손상시키고 있는 것은 사실이다(안대영, 2013).

우리가 비록 자연법칙의 모든 것을 알아냈다 하더라도, 초기 상태에 대해 알 수 있는 것은 어디까지나 '근사치'에 불과하다. 초기 상태의 근사치와 같은 정확도로 다음 상태의 예측이 가능하다면, 우리는 그 자연법칙에 의해 지배되는 현상을 예측할 수 있다고 말할 수 있다. 하지만 초기 조건의 민감성으로 인한 예측 불가능성은 시간이 경과함에 따라 지수적으로 증가하기 때문에 카오스계에서 유용한 예측을 하기 위해서는 가능한 그 이상의 정확도를 갖는 초기 조건이 명시되어야만 한다. 따라서 초기에 나타난 작은 오차가 나중에 거대한 오차를 일으킨다. 이렇게 해서 예측은 불가능하게 된다. 예측 불가능성이란 말에는 다음의 세 가지 의미가 있다.

- 논리적인 예측불가능은 가능자체가 논리적 모순을 담고 있는 경우이다.
- 이론적인 예측불가능은 가능자체가 자연법칙에 위배되는 경우이다.
- 실제적인 예측불가능은 말 그대로 현실적인 불가능한 경우의 의미로 사용될 수 있다.

과학적 관점으로서의 예측불가능성은 이론적인 예측불가능으로 보아야한다. 그것은 입자의 위지와 속도가 명확히 성해지는 섯이 불가능한 이유가 사연이 그러한 방식으로 존재하기 때문이라는 것이다. 하지만 카오스계는 어쨌든 간에 결정론적인 계이다. 초기 조건을 정확히 알 수 있다면 예측은 가능하다. 따라서 카오스의 초기 조건의 민감성으로 인한 예측 불가능성은 실제적인 예측불가능성이라고 말할 수 있다(홍영란, 2005).

이러한 예측불가능성을 가지고 있는 결정론의 의미는 구조적으로 다음의 네 단계로 나타난다. 첫째, 미분동역학이다. 이는 현재 계의 존재 방식이 시간에 따라 변화하는 방정식들에 의해 다음 순간에 있을 방식을 결정한다. 이것은 카오스 이론의 핵심 연구과제이다. 카오스계는 이 정의에 의해 결정론적이다. 둘째, 독특한 진화이다. 어느 순간에 두 세계가 모든 것에서 일치한다면, 그것들은 다른 모든 시간에서도 일치해야 한다. 결정론적인 계에서 한 순간의 완벽한 설면[33]은 과거와 미래를 고정시킨다. 셋째, 값의 결정성이다. 계의 모든 속성들, 즉 물리량들은 잘 정의된 값을 갖는다. 넷째, 완벽한 예측가능성이다. 진지한 지성을 가진 존재가 어느 순간에 계의 완벽한 정보를 가지고 있다면 미래의 완벽한 예측은 가능하다. 카오스는 물리적으로 첫째, 둘째, 셋째의 조건을 모두 만족하는 결정론적이지만 계들은 완벽하게 예측될 수 없다. 카오스 이론은 약간 다른 초기 조건을 가진 두 개의 동일한 카오스계가 초기의 차이가 얼마나 작든지 간에 결국은 서로 크게 멀어져 간다는 사실을 말해준다. 물리적으로 동일하며 동일한 경계조건과 법칙을 갖는 두 카오스계에서는 순간의 동일한 상태에 있는 각 계의 한 개의 입자가 얼마간의 시간이 지난 후에는 다른 상태에 있을 수 있다.

특징

카오스는 일반적으로 '혼합성, 주기성, 초기 조건에의 민감성' 이렇게 세 가지 공통 특성을 가진다고 볼 수 있다. 첫째, 혼합성이다. 이 혼합성은 길이가 0이 아닌 두 구간 I와 J

33) 2회의 대칭축의 조작에 의해 서로 동위하는 두 개의 평면에 의해 형태가 만들어지는 결정면을 말한다. 설면이라고 하는 것은 형태상으로 명명된 말이다. 단사 결정계의 이극(異極) 반면상 결정족에 대응하는 결정계로 개형(開形)이다. 서로 교차하는 2면만으로는 비면(庇面)과의 구별은 할 수 없으나, 다른 면의 나온 방식, 또는 에칭 도형에 의하거나 또 결정의 물리적 성질에 의해 설면과 비면의 구별은 원칙적으로 할 수 있다.
[네이버 지식백과] 설면 [楔面, sphenoid] (화학대사전, 2001. 5. 20., 세화)
http://terms.naver.com/entry.nhn?docId=2293819&cid=42419&categoryId=42419

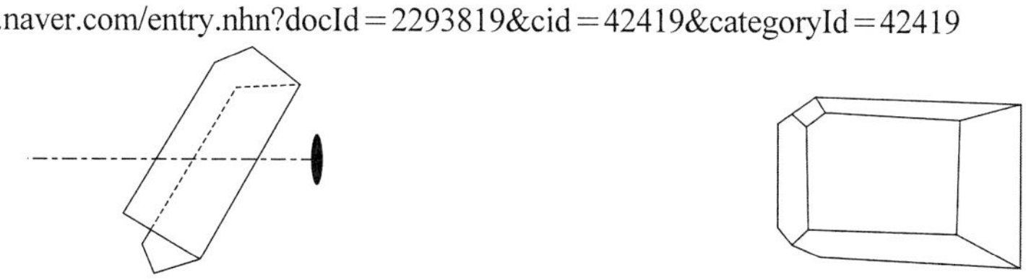

설면　　　　설면을 갖는 결정(자당)

에 대하여, 반복을 통하여 구간 J에 오게 되는 점들이 항상 구간 I 내에 존재한다. 반복에서 반복값들이 순환적인 패턴으로 나타나는 점들은 주기적이다. 둘째, 주기성이다. 주기성은 주기점들이 [0, 1]의 어떤 작은 구간에서든지 주기점 가까이에 많은 점들이 있다는 것이다(홍승필, 2006). 셋째, 초기 조건에의 민감성이다. 초기 조건의 미세한 차이가 체제에 더욱 더 큰 혼돈적 형태를 보이게 되는 것이다. 이 현상을 '초기 조건에의 민감한 의존성'이라고 한다. 프랑스 수학자 아다마르는 자연현상을 묘사하는 방정식은 다음의 세 가지 조건을 충족해야 한다고 하였다(홍영란, 2005).

- 해의 존재성 : 초기 조건을 알면 미래에 관한 방정식은 반드시 풀린다.
- 해의 유일성 : 현재의 상황이 분명하면, 방정식의 해는 꼭 한 가지로 정해진다.
- 해의 안정성 : 현재의 상황이 조금 변할 때, 방정식의 해(미래의 모습)도 그에 대응해서 조금만 변한다.

하지만 위의 가설 중 해의 존재성은 아인슈타인의 일반상대성이론에 의해서, 해의 유일성은 양자역학에 의해서, 해의 안정성은 카오스 현상에 의해서 무너졌다. 초기 조건의 민감성은 위의 해의 안정성에 대한 이야기이다. 여러 가지 변수들이 유기적으로 상호 복잡하게 얽혀있는 계(복잡계, 카오스계)에서는 이처럼 초기 조건의 극히 미세한 차이가 그 최종 결과에 가서는 엄청난 차이를 가져오는 것이다.

이러한 세 가지 특성을 지닌 카오스는 갑작스런 날씨의 변화처럼 '비선형'의 예측 불가능한 불규칙적인 물리현상이다. 그러나 우리가 겪는 물리적 현상은 대부분이 '선형'이며 예측가능한 것이 보통이다. 즉, 하나의 변수의 변화에 (반)비례하여 다른 변수가 변화하는 선형 방정식(1차 방정식)으로 나타내어지는 현상이 대부분이다(홍승필, 2006). 그리하여, 카오스는 우리가 일상적으로 겪는 현상과는 다른 성질을 지니는 것이다.

▌예

카오스 이론은 예측 가능한 예측 불가능성을 말한다. 따라서 이것을 결정론적 카오스라고 말한다. 카오스는 다시 질서의 원천이 되었다. 카오스는 잠재적 질서로 우연은 필요성으로 원천으로 인식되었다. 현상의 다양성 속에서 보편적 법칙성을 찾으려는 카오스 이론의 과제는 처음부터 결정론을 말할 수 있게 하는 질서 구조의 존재를 인정하고 들어간다. 다음 예1)은 첫째 의미의 카오스 현상이며, 예2)는 둘째 의미의 카오스를 말한다(홍승필, 2006).

예 1)

카오스 체계의 우연적 행태는 처음 상태와 끝 상태의 불완전한 관계로 인해 생긴다고 본다. 카오스 상태의 가장 중요한 특징은 처음 상태의 아주 작은 변화가 완전히 다른 역학적 결과를 가져온다는 사실에 있다. 평형 체계의 비선형 함수 때문에 초깃값의 작은 변화가 점점 확장되어 나중에는 완전히 다른 방식으로 전개된다. 작은 원인이 큰 결과를 낳게 된다. 이러한 원인과 결과 사이의 관계를 '나비효과(The Butterfly Effect)'라고 부른다.

예 2)

공으로 된 추를 매달아 주변에 같은 간격, 같은 각도로 자석을 세워놓으면, 이 추는 자석1에 들렸다가 다시 진동하면서 자석 2, 혹은 다시 자석 1로 끌려갈지 모른다. 이는 완전한 우연이라 할 수 있다. 그러나 이 진동 운동을 계속할 때 추가 자석 1, 2, 3으로 끌려가는 횟수가 거의 같아짐을 알 수 있다. 카오스 이론에서 이러한 자석의 역할을 일러 '끌개(attractor)'라고 한다. 이러한 카오스 현상은 초기 조건의 상승효과에 의한 카오스와 달리 완전한 우연 현상으로 간주될 수도 있다. 그렇지만 그것도 횟수를 늘려 실험할 때 끌개에 의해 나타나는 내재적 질서가 있음을 직접 추론할 수 있다.

이 두 가지 대표적인 카오스의 예인 나비효과와 끌개는 이후에 자세히 살펴볼 것이다.

비선형성

미국 물리학자이며 「이성의 꿈」의 저자인 페이겔스(H. R. Pagels)는 과학을 크게 단순성의 과학(뉴턴의 고전역학, 결정론, 요소환원주의, 소립자 물리학)과 복잡성의 과학(프랙탈 기하학, 카오스, 홀론, 가이아 이론)으로 구분하고 앞으로의 과학의 주류는 복잡성 과학이 될 것이라고 전망하였다. 카오스 이론은 복잡성의 과학으로 대변되는 과학계의 대표적 발견이라고 할 수 있다. 현대에 사용되는 카오스란 말은 처음 사용했던 확률적인 의미의 카오스[34]와 달리 무질서해 보이는 현상들이 어떤 범위를 벗어나지 못하는 더 큰 범위의 질서 속에서 체계가 유지된다는 결정론적 카오스를 간단히 카오스라고 칭한다. 카오스에서의 질서는 현재의 이성적 사유로는 결코 알아낼 수 없고, 다만 비선형 방정식을 통해서만 그 모습이 드러날 수 있기에 비선형 동력학이라고도 불린다(이윤경, 1999).

---

34) 분자들의 움직임은 확률적으로 밖에 표현할 수 없고 따라서 그 상태는 혼돈 상태라는 뜻으로 카오스라고 불리었다.

카오스 현상이 발생되는 요인은 '결과'가 '원인'에 비례하지 않는 바로 비선형계적 요소 때문이다. 카오스 이론의 요지는 '불규칙하고 불안정한 현상의 배후에 감추어져 있는 규칙성과 안정성'을 찾는 데 있다. 무질서하고 불규칙함으로 채워져 있는 듯 보이기는 하지만 그 이면에는 예측할 수 없는 놀라운 규칙성과 질서를 스스로 조직해 나간다는 것이다. 이처럼 비선형성 자연현상, 즉 카오스를 연구하는 사고방식과 방법을 카오스 이론이라 한다(김태균, 2010).

이러한 비선형성의 원인은 무엇일까? 첫째, 초기 조건에 민감한 의존성을 들 수 있다. 즉, 시작하는 값들에서의 작은 변화가 그 다음 값들에서는 지수적으로 커다란 변화를 일으킨다는 것이다. 둘째, 피드백에 의해 방정식 자체가 계속적으로 반복되고 누적된다는 것이다. 피드백은 부정적 피드백과 긍정적 피드백으로 구분되며, 이것은 가치 판단을 나타내는 것이 아니라 단순히 '조절'과 '증폭'의 차이를 나타내는 것이다. 피드백이 되풀이되면서 상황은 매우 복잡하게 변화한다(이윤경, 1999).

비선형성이 갖는 특징은 크게 3가지로 볼 수 있다(이윤경, 1999). 비선형성의 가장 큰 특징은 전체성(Holism)을 들 수 있다. 자연에서 각 시스템들은 외부에서의 영향과 그들 자신의 내부적 요동에 개방되어 있어 모든 요소들이 계속적으로 상호작용함으로써, 전체는 부분들의 합 이상의 것이다. 비선형성의 두 번째 특성은 복잡해 보여 단순히 무질서한 측면으로 간주해온 자연현상을 확대된 질서의 개념으로 이해하게 되었다는 것이다. 여기서 확대된 질서란 우리의 인식의 한계로 그동안 알지 못했던 혹은 발견하지 못했던 자기유사성, 스케일링 등의 숨겨져 있던 질서들을 의미한다. 셋째로 불연속적인 연속성을 갖는다. 불연속성은 갑작스럽고 극적인 변화를 뜻한다면 연속성이란 부드럽고 점진적 변화를 보여준다. 우리는 우연과 필요의 개념으로 이것을 해석할 수 있다. 우연성은 숨겨진 질서구조의 외형일 뿐, 즉 대상들 간의 변화 운동에서 생기는 현상적 우연이며 인식론적으로만 그 인과관계의 끈을 찾을 수 없다는 것이다.

날씨

MIT의 기상학자 로렌츠(Edward Lorenz)는 날씨를 서술하는 방정식 체계에서 카오스의 사고를 맨 처음 감지한 사람이었다. 1961년 겨울의 어느 날, 어느 한 부분을 더 자세히 보기 위해 초기 조건의 값들을 앞서 프린트된 부분과 똑같이 입력을 시키고 커피 한잔을 마시기 위해 로렌츠는 잠시 자리를 비웠다. 그런데 돌아와 보니 전혀 예상치 못했던 사건이 벌어져 있었다. 그것이 바로 새로운 과학의 씨가 되었다. 프로그램도 그대로였고, 입력시킨 초기 조건도 지난번과 똑같은 값들을 직접 입력시켰는데 이번에 나온 결과는 지난번과 달랐다. 기상을 나다낸 두 그래프는 처음에는 조금씩 어긋나기 시작하다가 4~5개월 후에는 완전히 다른 것들이 되어 있었다. 그러다가 마침내 그 원인을 찾아냈다. 문제는 자신이 입력한 숫자였다. 원래의 숫자는 소수 여섯째 자리였으나, 두 번째 입력시킬 때에는 소수 셋째 자리까지만 입력을 시켰었다. 예컨대, 0.506127을 0.506만 입력을 시켰던 것이다. 이렇게 하여 로렌츠는 기상에 있어서 소위 '나비효과'를 발견하였고, 장기적으로 정확한 일기 예측은 불가능할 수밖에 없다는 결론을 내렸다(김용운, 김용국, 1992).

여기서 변수에서의 아주 조그만 변화가 미래 날씨의 모형 예측에서 큰 차이를 만든 것을 확인할 수 있다. 그는 그의 통찰력을 이용해 여러 가지 수학적 모형과 또한 자연의 초기 조건에 대한 사고의 민감성을 구체화하였다(고석구, 2005; 김태균, 2010; 인영은, 2006).

나비효과

혼돈으로 보이던 현상들이 간단한 수학 방정식으로 모델화할 수 있다는 사실이 발견되었다. 이러한 방정식들은 초기 조건에 아주 작은 차이가 있어도 그 결과에서는 엄청난 차이를 초래하는 특징이 있다. 즉, 카오스 현상은 '초기 조건에 민감한 종속성을 가진 현상'으로 파악되었다. 기상학에서는 이를 '나비효과'라 부른다(김용운, 김용구, 1992). 이렇게 부른 계기는 로렌츠가 1979년 미국 워싱턴에서 열린 한 발표장에서 '중국 베이징에 있는 나비의 날갯짓이 미국 텍사스 주에 발생한 토네이도의 원인이 될 수 있을까?'라는 제목의 논문을 발표하면서 나비효과라는 말이 일반인들에게 널리 퍼지기 시작하였다(김영태, 2002).

그 내용에서 드러나는 나비효과의 이야기는 다음과 같다. 아프리카 한구석에 있는 나비 한 마리의 날갯짓은 바로 옆에 있는 작은 벌레를 나뭇잎에서 떨어뜨리게 되고 그 벌레는 밑에서 놀고 있는 원숭이 털 속에 떨어진다. 원숭이는 그 벌레 때문에 가려워서 몸을 긁다가 주변의 열매를 건드려 떨어지게 되고, 열매가 돌에 부딪쳐 돌을 구르게 한다. 돌은 큰 바위를 지탱한 작은 돌을 쳐서 밀어내면서 작은 산사태를 일으킨다. 이것은 작은 시냇물을 막고 물 흐름을 바꾸어 놓아 화산 증기 구멍을 막는다. 다시 약한 지반을 꺼지게 하면서 화산 폭발을 일으킨다. 화산재는 부분적으로 대기의 기류를 바꾸어 큰 대기압 차이를 일으키고, 급기야 지중해 상의 대류 변화를 일으켜서 북반구의 해양성 기류와 부딪히면서 유럽

대륙에 커다란 폭풍을 일으킬 수 있다는 주장이다(김태균, 2010). 그래서 우리는 간단히 아프리카의 나비가 또는 중국의 나비가 날갯짓 한 번으로 유럽에 또는 아메리카에 폭풍을 일으킬 수 있다고 보는 것을 나비효과라 부른다.

▌ 로렌츠 물레방아

카오스에서 그리고 로렌츠의 이론에서 빠뜨릴 수 없는 것이 로렌츠의 끌개이다. 그런데 로렌츠의 끌개를 설명하기 전에 이 이론의 바탕이 되는 로렌츠의 물레방아를 살펴보아야 한다. 이 물레방아는 로렌츠가 제시한 카오스계(chaotic system)에 해당한다.

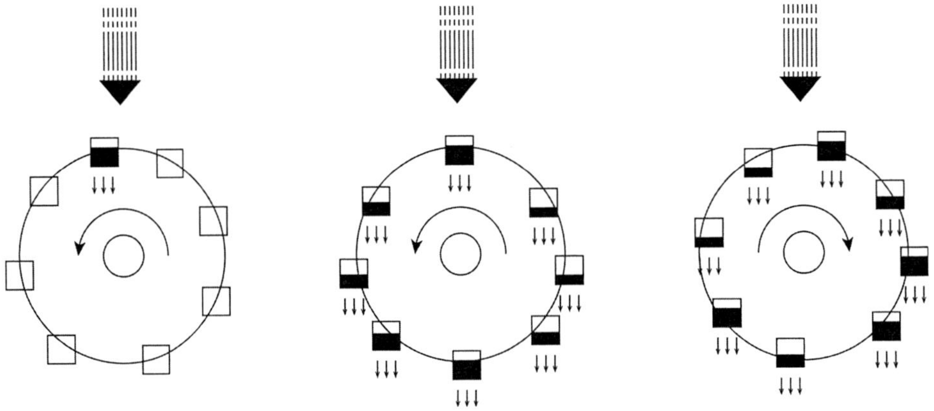

이 물레바퀴의 구조는 이렇다. 맨 꼭대기에서 물이 떨어져 물통에 물을 채운다. 그렇지만 각 통에는 작은 구멍들이 나 있어 물은 조금씩 샌다. 만약 물의 흐름이 약하다면, 맨 위의 물통에는 물이 차지 않아(물이 새어 나가므로) 물레바퀴는 마찰력을 이겨내지 못해 돌지 못한다(왼쪽 그림). 그렇지만 물의 흐름이 빠르면 물통의 물이 채워지고 물레바퀴는 돌기 시작한다. 그리고 물레바퀴는 계속 같은 방향으로 돌 것이다(가운데 그림). 그러나 물의 흐름이 더욱 빠르면 물레바퀴가 도는 방향은 카오스적으로 나타난다. 바퀴가 도는 속도가 너무 빠르면 맨 위에 있는 물통에 물이 찰 시간이 얼마 없다. 게다가 물레바퀴가 빨리 돈다면 물통들이 비워지기 전에 반대 방향으로 물레바퀴가 돌도록 작용할 수 있다. 그 결과 위쪽으로 올라가는 쪽에 있는 물통들은 물레바퀴의 회전 속도를 둔화시키다가 마침내는 회전방향을 역전시킬 것이다(오른쪽 그림). 장기간에 걸쳐 관찰하면 회전 방향은 계속해서 바뀌는데, 그 반복 형태는 결코 예측할 수 없는 양상으로 변한다(김용운, 김용국, 1992).

로렌츠 끌개

이러한 로렌츠의 물레방아를 바탕으로 로렌츠의 끌개를 생각해보자. 이제 로렌츠 끌개, 이상한 끌개(strange attractor)에 대해 살펴보사. 번저, 위상공간과 끌개에 대해 알아야 한다. 위상공간에서는 어느 순간 어떤 역학계(dynamical system)가 가진 모든 정보가 하나의 점으로 나타내어진다. 그 다음 순간 역학계에서 약간의 변화가 있으면, 그 점은 위상공간에서 이동하게 된다. 따라서 시간에 따른 그 계의 역사는 위상공간에서 점이 움직여 간 궤적으로 나타난다. 예를 들어 진자의 움직임을 살펴보자. 마찰이 전혀 없을 경우, 진자의 움직임은 속도와 위치만의 2개의 변수로 나타낼 수 있다(다음 왼쪽 그림 참고). 오른쪽의 위상공간에 진자의 모든 정보가 나타나 있다. 이 경우 점의 궤적은 고리 모양을 이룬다.

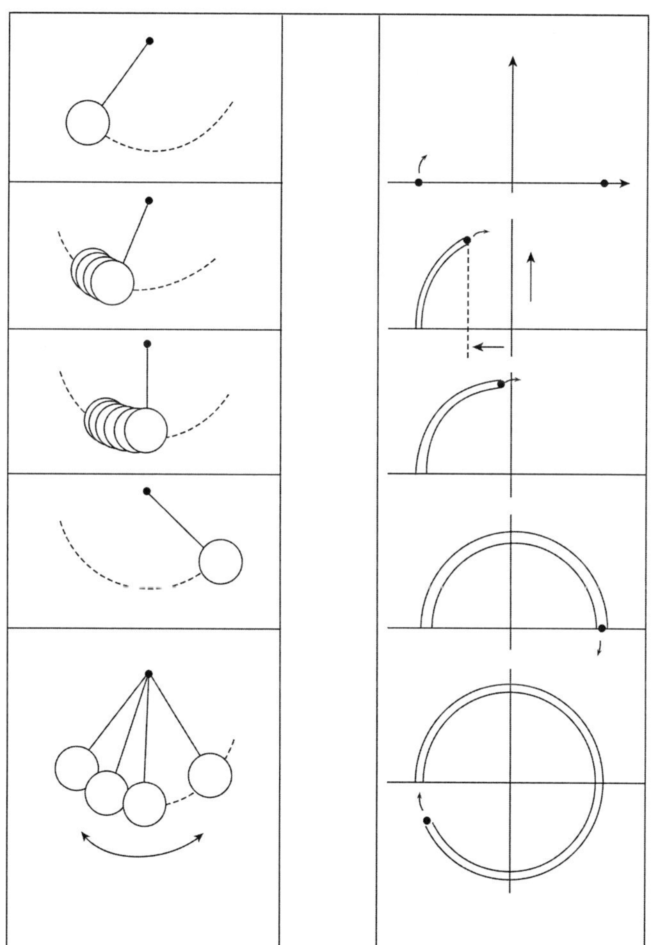

그러나 마찰이 있으면 진자는 점점 에너지를 잃어 마침내는 정지하고 만다. 여기서 복잡한 방정식 따위를 모르더라도 진자의 운명을 알 수 있다. 모든 궤도는 결국 한 점(중심점)으로 귀결되기 때문이다. 이 중심점이 바로 진자의 궤도를 끌어들이는 것이다. 이것을 바로 '끌개'라고 부른다. 물리학자들은 이미 간단한 두 종류의 끌개에 대해서는 익히 알고 있었다. 고정점과 고리 모양의 끌개가 그것인데, 고정점의 끌개를 가진 계는 결국은 정지 상태에 이르고(다음 그림의 왼쪽), 반면에 고리 모양의 끌개를 가진 계는 계속 같은 행동을 반복하는 순환(다음 그림의 오른쪽)을 보인다(김용운, 김용국, 1992).

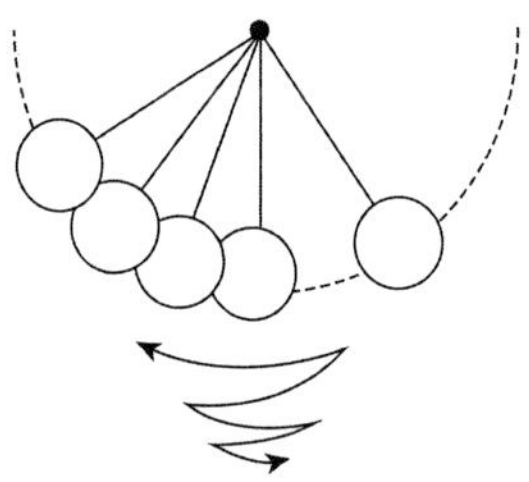

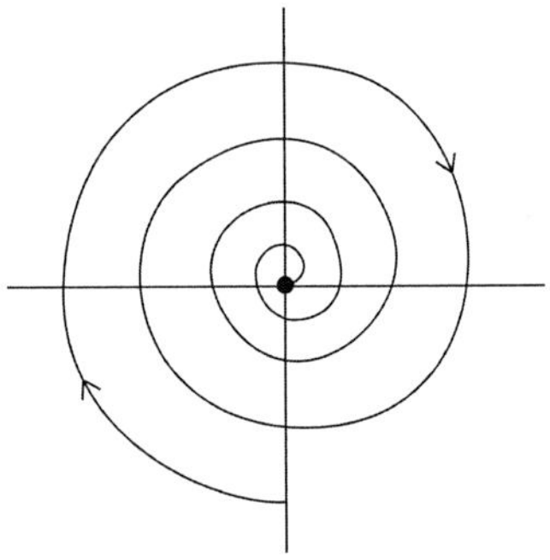

단기적으로 볼 때에는 위상공간에 존재하는 점 하나하나가 그 계의 행동을 나타내지만, 장기적으로 볼 때에는 끌개 그 자체가 중요하다. 나머지 움직임은 일시적인 것에 불과하다. 1971년 로렌츠가 1963년에 자신이 쓴 결정론적 카오스에 대한 논문에 다음과 같은 그림을 붙여 발표했다.

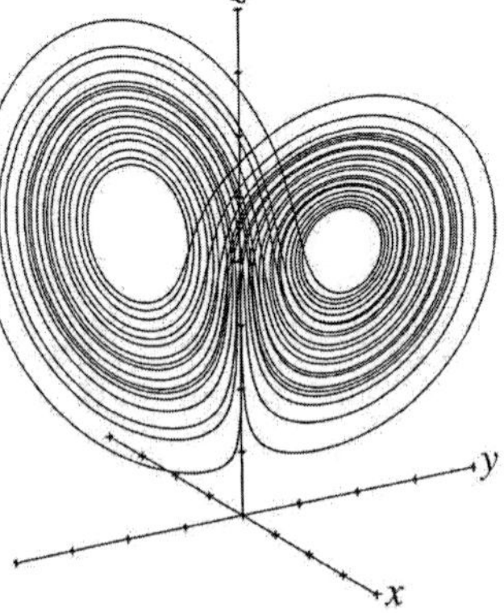

그림 36 로렌츠 끌개(James Gleick, 1993; 이영기, 2012, 재인용)

이 1963년에 발표한 논문 '결정론적이며 비주기적인 흐름(deterministic nonperiodic flow)'의 말미에 로렌츠는 7개의 연결고리 모양을 하고 있는 위상공간에서의 카오스 궤도의 형상을 세재했다. 이것이 두 날개를 펼친 나비 형상을 하고 있는 '로렌츠 끌개(Lorenz attractor)'이다. 로렌츠 끌개는 카오스의 기하학 형상, 혹은 속의 숨은 질서라고 할 수 있는 이상한 끌개의 첫 번째 발견이라고 할 수 있다(인영은, 2006; 황현진, 2009).

이는 3차원으로 나타낸 로렌츠 끌개는 일명, '이상한 끌개'라고도 부른다. 이것은 원래는 유체의 카오스적인 대류 현상을 나타내기 위한 3개의 방정식을 모델로 삼은 것이었다. 여기서는 유체가 열을 받아 한쪽 방향으로 회전하는 대류 운동을 하다가 어느 순간에 이르면 다시 방향이 역전되는 형태를 나타낸 것이다. 이는 로렌츠의 물레바퀴를 생각하면 쉽다. 양쪽에 있는 고리 모양들의 선들은 영원히 계속되면서 결코 교차하거나 만나지 않는다. 그림에서 주기적으로 반복되는 것처럼 보이지만 사실은 궤도상의 어느 점도 다른 점과 겹치지 않는다. 그러면서도 그 궤도는 한정된 공간 속에 들어있다. 따라서 카오스 현상의 본질은 프랙탈이라고 할 수 있다. 이처럼 자연계의 현상들은 모두 카오스적(프랙탈적)이고, 완전한 질서는 존재하지 않는다. 완전한 질서는 추상화된 개념에 지나지 않는다(김용운, 김용국, 1992).

2 카오스 게임

카오스 게임은 1980년대에 영국 수학자 마이클 반슬리(Michael Bamsley)가 개발한 것으로 주사위를 딘졌을 때, 나오는 숫자처럼 미리 예측할 수 없는 사건들이 무수히 모이면 프랙탈 모양을 한 일정한 규칙이 나타난다는 것을 보여준다. 게임의 규칙을 바꿔 출발점으로 삼은 점의 위치를 바꿔 주면 양치식물의 잎을 닮은 프랙탈도 얻을 수 있다(이영기, 2012). 카오스 게임은 게임을 통해 카오스가 나타나게 하는 것과 같다고 볼 수 있다. 여기서 카오스 게임을 하면서 이동하는 점의 카오스적인 움직임을 관찰할 것이다. 이 카오스 게임은 꼭짓점 L, T, R로 이루어진 삼각형 내부의 임의의 한 점에서 시작한다.

<게임 방법>[35)]

1단계 : 꼭짓점 L.T.R로 이루어진 삼각형 내부에 임의의 한 점을 찍는다.

2단계 : 주사위를 던져 나온 눈의 수에 따라 다음과 같이 점을 이동한다.

1 또는 2의 눈이 나올 때 : L과의 중점으로 이동한다.

3 또는 4의 눈이 나올 때 : T와의 중점으로 이동한다.

5 또는 6의 눈이 나올 때 : R과의 중점으로 이동한다.

3단계 : 이전의 점과 새로운 중점을 연결한다.

4단계 : 새로운 중점에서 시작해서 위의 단계를 반복한다.

카오스 게임 그리기

35) 신인선, 류희찬(2002)

앞의 카오스 게임에서 선을 제외한 점만 그리는 카오스 게임을 해보자.

카오스 게임 중 점만 그리기

문제 1 이 두 카오스 게임에서 얻을 수 있는 모든 점들과 선의 경계선은 무엇인가?

문제 2 첫 번째 카오스 게임을 무한히 반복하면 어떻게 될까?

문제 3 두 번째 카오스 게임을 무한히 반복하면 어떻게 될까?

3 복잡성

복잡계는 복잡성을 가지고 있는 체계를 말하는 것으로, 앞에서 살펴본 카오스 역시 복잡계의 일부로 보고 있다. 이러한 복잡계의 개념과 정의는 자연과학과 사회과학의 다양한 분야에서 함께 발전해왔기 때문에 일률적으로 통일된 것은 없다고 할 수 있다. 흔히 인용되는 여러 분야의 학자들이 내리는 정의 또한 다양하다. 그러나 이들 복잡계를 연구하는 물리학자, 경제학자, 심리학자들이 정의하는 복잡계는 표현 방식에서 약간의 차이가 있지만 '독립된 구성요소들의 상호 작용에 의한 발생(emergence)현상을 보이는 시스템'이라는 개념에서는 거의 일치한다. 이러한 발생 현상을 보이는 시스템, 즉 복잡계로서 갖춰야 할 특징을 '복잡계 개론'에서는 다섯 가지로 구분하여 설명하고 있다(박찬정, 2009).

첫째, 복잡계는 상호작용하는 많은 구성요소를 가지고 있다. 발생 현상은 많은 구성요소를 필요로 한다. 그리고 이런 구성요소들은 서로 영향을 주고받아야 한다. 요소들의 상호작용이 없는 시스템은 무질서하거나 천편일률적인 모습만을 보일 뿐이다.

둘째, 복잡계 구성요소들의 상호작용은 흔히 비선형적이다. 상호작용의 비선형성은 혼돈과 관계된 놀라운 변화를 일으킨다. 극히 작은 요동도 구성요소들 사이를 전파해 나가면서 증폭되어 커다란 영향을 미칠 수 있다.

셋째, 복잡계 구성요소들의 상호작용은 흔히 피드백 고리(feedback loop)를 형성한다. 구성요소들 사이의 상호작용은 한쪽 방향으로만 이루어지지 않고 다양한 경로를 거쳐 자기 자신에게 돌아오는 경우가 많다. 이 피드백은 변화를 진정시키기도 하지만(음의 피드백), 거꾸로 변화를 증폭시키기도 한다(양의 피드백).

넷째, 복잡계는 열린 시스템이며, 그 경계가 불분명하다. 시스템이 열려 있다는 것은 외부환경과 끊임없이 영향을 주고받는다는 것이다. 이 영향은 추상적인 에너지와 정보, 무형자산 같은 것일 수도 있고, 구체적인 물질과 사람, 유형자산과 같은 것일 수도 있다. 이 때문에 복잡계는 그 경계가 종종 불분명하고 자연적으로 정해지는 것이 아니라 관찰자의 의도에 따라 달라진다.

다섯째, 복잡계의 구성요소는 또 다른 복잡계이며 종종 끊임없이 적응해 간다. 소비자들이 창출해내는 새로운 기업 환경에 적응하지 못하는 기업은 시장에서 퇴출되면, 기업은 피고용인에게 추가 교육과 인센티브를 통해 적응을 요구하고, 요구를 충족시키지 못하는 피고용인은 해고한다. 사회경제계에서 관찰되는 적응하는 구성요소들로 이루어진 복잡계, 특히 복잡적응계라고 한다.

결국, 복잡계는 매우 다양하고 수많은 구성요소들로 이루어진 시스템이며, 이들 구성요소들은 독립적으로 존재하지 않고 서로 상호작용을 주고받는다. 그 결과 독립된 구성요소들 자체의 특성과는 다른 별개의 새로운 현상과 질서를 만들어내며, 이 새로운 질서의 출현을 발생이라고 한다. 다시 말하면, 새로운 질서가 만들어지지 않으면 발생이라 할 수 없고, 발생현상이 나타나지 않는 시스템은 복잡계라고 할 수 없는 것이다. 이미 지적한 것처럼 복잡한 것(complex)과 단순히 뒤엉켜있는 것(complicated)과는 다르다. 상호작용과 발생현상 없이 단순히 뒤엉켜 있어 복잡해 보이는 시스템은 오히려 단순계 관점의 결정론으로 분석하여 원인과 결과를 파악하면 더욱 명확해질 수 있다.

정답풀이

I. 프랙탈

4. 여러 가지 프랙탈

1) 칸토어 집합

칸토어 집합 그리기

문제 1)

(1)

단계	0	1	2	3	4	5
구간 수	1	2	4	8	16	32

(2) 2^n

(3) $\lim_{n\to\infty} 2^n = \infty$

문제 2)

(1)

단계	0	1	2	3	4	5
길이 합	1	$2\times\frac{1}{3}$	$4\times\frac{1}{9}$	$8\times\frac{1}{27}$	$16\times\frac{1}{81}$	$32\times\frac{1}{243}$

(2) $\left(\frac{2}{3}\right)^n$

(3) $\lim_{n\to\infty}\left(\frac{2}{3}\right)^n=0$

문제 3) 각 단계마다 축소율은 $\frac{1}{3}$이고, 개체수는 2배이므로, 프랙탈 차원은 $\frac{\log 2}{\log 3} \fallingdotseq 0.6309$가 된다.

2) **코흐 곡선**

코흐 곡선 그리기

0단계

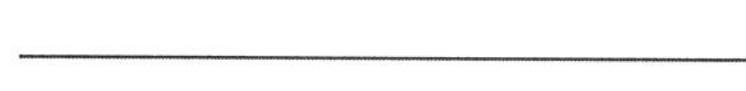

1단계

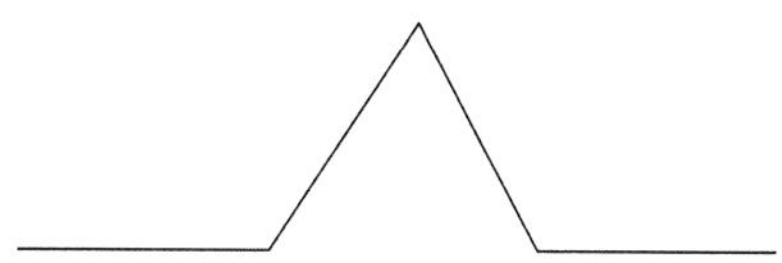

2단계

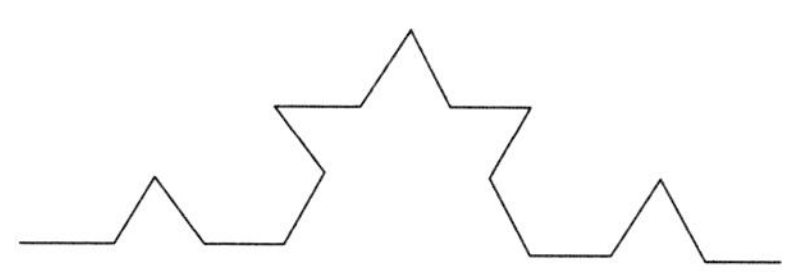

3단계

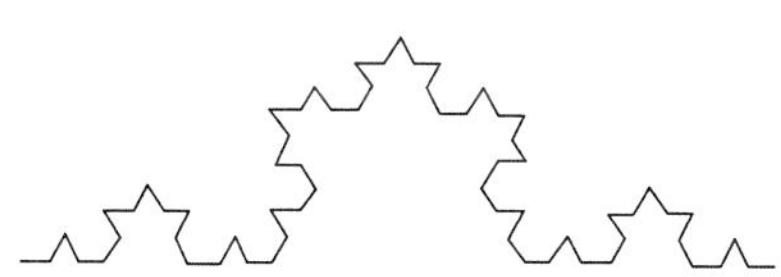

4단계

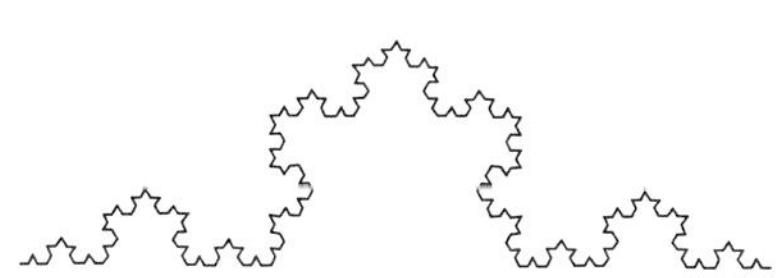

5단계

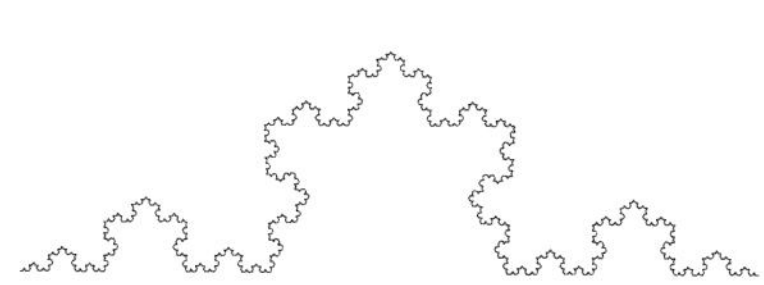

문제 1)

(1)

단계	0	1	2	3	4	5
선분 수	1	4	16	64	256	1024

(2) 4^n

(3) $\lim_{n\to\infty} 4^n = \infty$

문제 2)

(1)

단계	0	1	2	3	4	5
길이 합	1	$\frac{4}{3}$	$\frac{16}{9}$	$\frac{64}{27}$	$\frac{256}{81}$	$\frac{1024}{243}$

(2) $\left(\frac{4}{3}\right)^n$

(3) $\lim_{n\to\infty}\left(\frac{4}{3}\right)^n = \infty$

문제 3) 각 단계의 모서리 조각의 수는 4배로 늘어나고 $\frac{1}{3}$씩 줄어들고 있으므로, 프랙탈 차원은 $\frac{\log 4}{\log 3} \fallingdotseq 1.2620$이 된다.

3) **코흐 눈송이**

코흐 눈송이 그리기

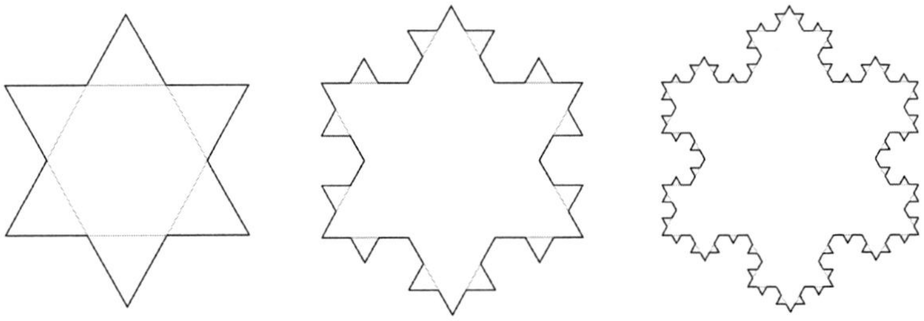

1단계　　2단계　　3단계

문제 1)

(1)

단계	0	1	2	3
선분의 수	3	$4\times3=12$	$4\times4\times3=48$	$4\times4\times4\times3=192$

(2) $4^n \times 3$

(3) $\lim_{n\to\infty}(4^n \times 3)=\infty$

문제 2)

(1)

단계	0	1	2	3	4	5
길이	3	$12\times\frac{1}{3}$	$48\times\frac{1}{9}$	$192\times\frac{1}{27}$	$768\times\frac{1}{81}$	$3072\times\frac{1}{243}$

(2) $4\times\left(\frac{4}{3}\right)^{n-1}$

(3) $\lim_{n\to\infty}\left\{4\times\left(\frac{4}{3}\right)^{n-1}\right\}=\infty$

(4) 무한이다.

문제 3)

(1)

단 계	넓 이
0	$\frac{\sqrt{3}}{4}$
1	$\frac{\sqrt{3}}{4}+\frac{\sqrt{3}}{4}\times\frac{1}{3}$
2	$\frac{\sqrt{3}}{4}+\frac{\sqrt{3}}{4}\times\frac{1}{3}+\frac{\sqrt{3}}{4}\times\frac{4}{3^3}$
3	$\frac{\sqrt{3}}{4}+\frac{\sqrt{3}}{4}\times\frac{1}{3}+\frac{\sqrt{3}}{4}\times\frac{4}{3^3}+\frac{\sqrt{3}}{4}\times\frac{4^2}{3^5}$

(2) $\frac{\sqrt{3}}{4}+\frac{\sqrt{3}}{4}\left(\frac{3}{9}+\frac{3\times4}{9^2}+\frac{3\times4^2}{9^3}+\cdots+\frac{3\times4^{n-1}}{9^n}\right)$

(3) 넓이를 S_i라 하면,

$$S_0=\frac{\sqrt{3}}{4}$$

$$S_1=\frac{\sqrt{3}}{4}+\frac{\sqrt{3}}{4}\left(\frac{1}{3}\right)^2\times3=\frac{\sqrt{3}}{4}+\frac{\sqrt{3}}{4}\times\frac{1}{3}$$

$$S_2=\frac{\sqrt{3}}{4}+\frac{\sqrt{3}}{4}\left(\frac{1}{3}\right)^2\times3+\frac{\sqrt{3}}{4}\left(\frac{1}{3^2}\right)^2\times3\times4=\frac{\sqrt{3}}{4}+\frac{\sqrt{3}}{4}\times\frac{1}{3}+\frac{\sqrt{3}}{4}\times\frac{4}{3^3}$$

⋮

이고, 따라서 전체 넓이는

$$S=\frac{\sqrt{3}}{4}+\frac{\sqrt{3}}{4}\times\frac{1}{3}+\frac{\sqrt{3}}{4}\times\frac{4}{3^3}+\frac{\sqrt{3}}{4}\times\frac{4^2}{3^5}+\cdots$$

$$=\frac{\sqrt{3}}{4}+\frac{\sqrt{3}}{4}\times\frac{1}{3}\left(1+\frac{4}{9}+\frac{4^2}{9^2}+\cdots\right)$$

$$=\frac{\sqrt{3}}{4}+\frac{\sqrt{3}}{4}\times\frac{1}{3}\times\frac{1}{1-\frac{4}{9}}$$

$$=\frac{2}{5}\sqrt{3}$$

(4) 유한이다.

4) 시어핀스키 삼각형과 변형

시어핀스키 삼각형 그리기

문제 1)

(1)

단계	0	1	2	3	4	5
삼각형의 수	1	3	9	27	81	243

(2) 3^n

(3) $\lim_{n\to\infty} 3^n = \infty$

문제 2)

(1)

단계	0	1	2	3	4	5
길이	3	$\frac{9}{2}$	$\frac{27}{4}$	$\frac{81}{8}$	$\frac{243}{16}$	$\frac{729}{32}$

(2) $3\left(\frac{3}{2}\right)^n$: 각 단계에서 삼각형의 한 변의 길이는 $\frac{1}{2}$로 줄어들기 때문에 n단계의 삼각형의 한 변의 길이는 $\left(\frac{1}{2}\right)^n$이고, 삼각형의 개수는 n단계에서 3^n개다. 따라서 n단계의 삼각형의 둘레는 $\left(\frac{1}{2}\right)^n \times 3 \times 3^n = 3\left(\frac{3}{2}\right)^n$이다.

(3) $\lim_{n\to\infty}\left\{3\left(\frac{3}{2}\right)^n\right\} = \infty$

문제 3)

(1)

단계	0	1	2	3	4	5
넓이	$\frac{\sqrt{3}}{4}$	$\frac{3\sqrt{3}}{16}$	$\frac{9\sqrt{3}}{64}$	$\frac{27\sqrt{3}}{256}$	$\frac{81\sqrt{3}}{1024}$	$\frac{243\sqrt{3}}{4096}$

(2) $\frac{\sqrt{3}}{4} \times \left(\frac{3}{4}\right)^n$: 각 단계마다 넓이는 전 단계의 $\frac{3}{4}$배가 되므로, n단계의 넓이는 $\frac{\sqrt{3}}{4} \times \left(\frac{3}{4}\right)^n$이 된다.

(3) $\lim_{n\to\infty}\frac{\sqrt{3}}{4}\left(\frac{3}{4}\right)^n = 0$

문제 4) 각 단계에서 한 변은 $\frac{1}{2}$로 줄고, 개체 수는 3배씩 늘어나게 되므로 차원은 $\frac{\log 3}{\log 2} \fallingdotseq 1.5850$이다.

시어핀스키 삼각형 변형 그리기

문제 5)

(1)

단계	0	1	2	3
삼각형의 수	1	6	36	216

(2) 6^n

(3) $\lim_{n\to\infty} 6^n = \infty$

문제 6)

(1)

단계	0	1	2	3
삼각형의 넓이	1	$6\times\frac{1}{9}$	$36\times\frac{1}{81}$	$216\times\frac{1}{729}$

(2) $6^n\times\left(\frac{1}{9}\right)^n=\left(\frac{6}{9}\right)^n=\left(\frac{2}{3}\right)^n$

(3) $\lim_{n\to\infty}\left\{6^n\left(\frac{1}{9}\right)^n\right\}=0$

문제 7) 각 단계에서 한 변은 $\frac{1}{3}$로 줄고, 개체 수는 6배씩 늘어나게 되므로 차원은 $\frac{\log 6}{\log 3}\fallingdotseq 1.6309$이다.

문제 8)

(1) (2) (3) (4)

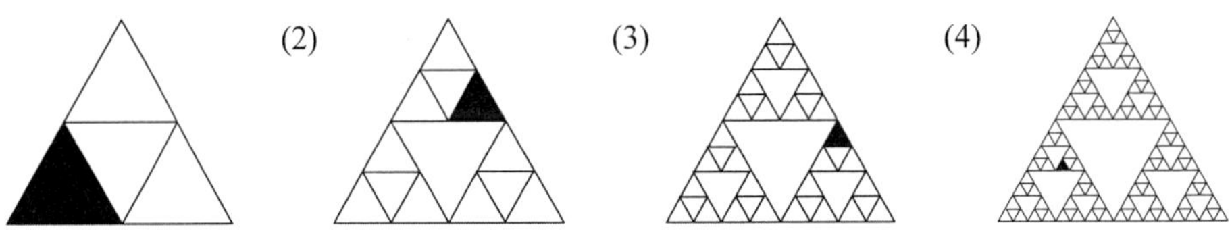

문제 9)

(1) LR (2) LRT (3) LTTR

문제 10)

(1) $\frac{1}{3}\times\frac{1}{3}=\frac{1}{9}$ (2) $\frac{1}{3}\times\frac{1}{3}\times\frac{1}{3}=\frac{1}{27}$ (3) $\frac{1}{3}\times\frac{1}{3}\times\frac{1}{3}\times\frac{1}{3}=\frac{1}{81}$

문제 11)

(1) (2)

문제 12)

(1) TRL (2) LLR

5) 시어핀스키 카펫과 변형

시어핀스키 카펫 그리기

0단계

1단계

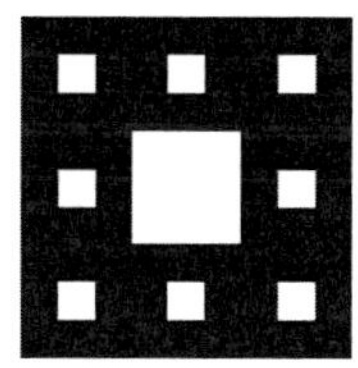

2단계

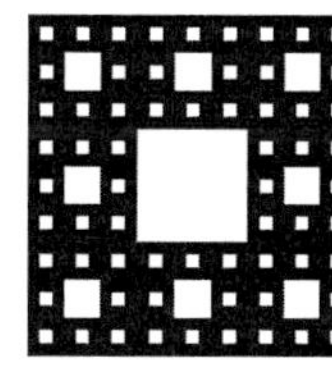

3단계

문제 1)

(1)

단계	0	1	2	3
사각형의 수	1	8	64	512

(2) 8^n

(3) $\lim_{n\to\infty} 8^n = \infty$.

문제 2)

(1)

단계	0	1	2	3
사각형의 넓이	1	$8\times\frac{1}{9}$	$64\times\frac{1}{81}$	$512\times\frac{1}{729}$

(2) $8^n \times \left(\frac{1}{9}\right)^n = \left(\frac{8}{9}\right)^n$

(3) $\lim_{n\to\infty}\left\{8^n \times \left(\frac{1}{9}\right)^n\right\} = \lim_{n\to\infty}\left(\frac{8}{9}\right)^n = 0$

문제 3) 단계가 커질 때 사각형은 $\frac{1}{3}$이 줄어들고, 조각의 수는 8배로 늘어나므로 프랙탈 차원은 $\frac{\log 8}{\log 3} \fallingdotseq 1.8928$가 된다.

시어핀스키 카펫 변형 그리기

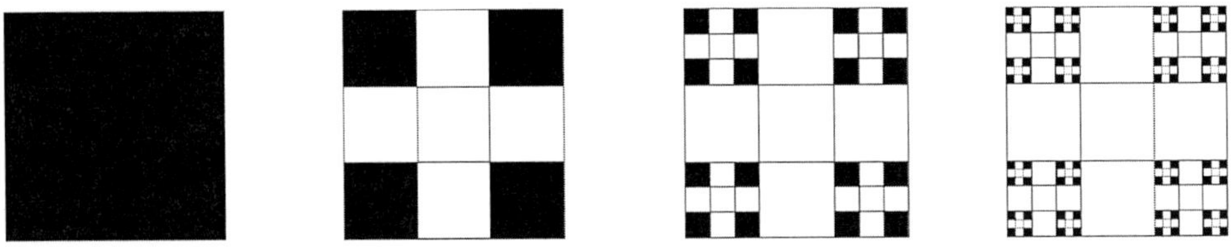

문제 4)

(1)

단계	0	1	2	3
사각형의 수	1	4	16	64

(2) 4^n

(3) $\lim_{n\to\infty} 4^n = \infty$

문제 5)

(1)

단계	0	1	2	3
사각형의 넓이	1	$\frac{4}{9}$	$\frac{16}{81}$	$\frac{64}{729}$

(2) $\left(\frac{4}{9}\right)^n$

(3) $\lim_{n\to\infty}\left(\frac{4}{9}\right)^n = 0$

문제 6) 단계가 커질 때 사각형은 $\frac{1}{3}$이 줄어들고, 조각의 수는 4배로 늘어나므로 프랙탈 차원은 $\frac{\log 4}{\log 3} \fallingdotseq 1.2619$가 된다.

6) **시어핀스키 사면체**

시어핀스키 사면체 그리기

0단계　　1단계　　2단계

문제 1)

(1)

단계	0	1	2	3
면의 수	4	16	64	256

(2) 4^{n+1}

(3) $\lim_{n\to\infty} 4^{n+1} = \infty$

문제 2)

(1)

단계	0	1	2	3
모서리의 수	6	24	96	384

(2) 6×4^{n}

(3) $\lim_{n\to\infty}(6\times 4^{n}) = \infty$

문제 3)

(1)

단계	0	1	2	3
사면체의 수	1	4	16	64

(2) 4^{n}

(3) $\lim_{n\to\infty} 4^{n} = \infty$

문제 4) 한 모서리의 길이가 $\frac{1}{2}$로 줄고 개체 수는 4배씩 증가하므로 프랙탈 차원은 $\frac{\log 4}{\log 2} = 2$ 이다.

7) **맹거 스펀지**

문제 1)

(1)

단계	0	1	2
정육면체의 수	1	20	400

(2) 20^n

(3) $\lim_{n\to\infty} 20^n = \infty$

문제 2)

(1)

단계	0	1	2
부피	1	$\frac{20}{27}$	$\left(\frac{20}{27}\right)^2$

(2) $\left(\frac{20}{27}\right)^n$

(3) $\lim_{n\to\infty}\left(\frac{20}{27}\right)^n = 0$

문제 3) 정육면체의 한 변이 $\frac{1}{3}$만큼 줄어들고 그 개수는 20배로 늘어나므로 프랙탈 차원은 $\frac{\log 20}{\log 3} \fallingdotseq 2.7269$이다.

8) **파스칼 삼각형**

세포자동자

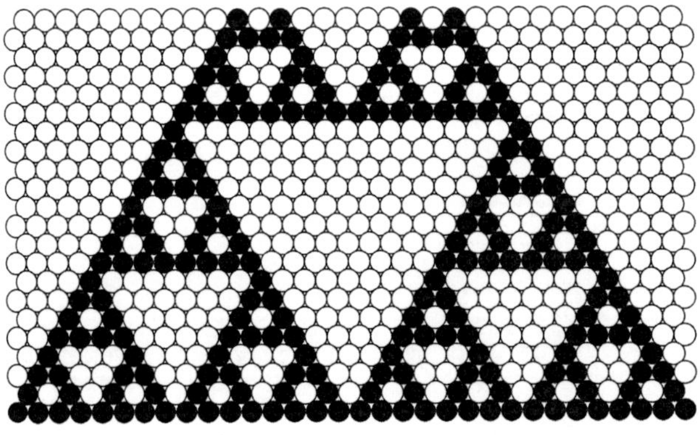

문제 1) 이전에 살펴본 것들과 유사하다. 색칠하기 규칙은 파스칼 삼각형을 10번째 줄에서 시작하는 것과 같다. 또한, 시어핀스키 삼각형의 4단계와 유사하다.

문제 2)

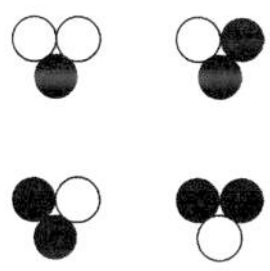

문제 3)

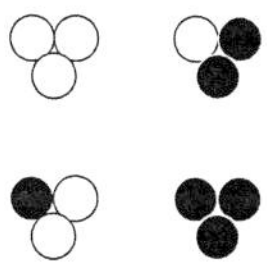

문제 4)

9) **페아노 곡선**

페아노 곡선 그리기

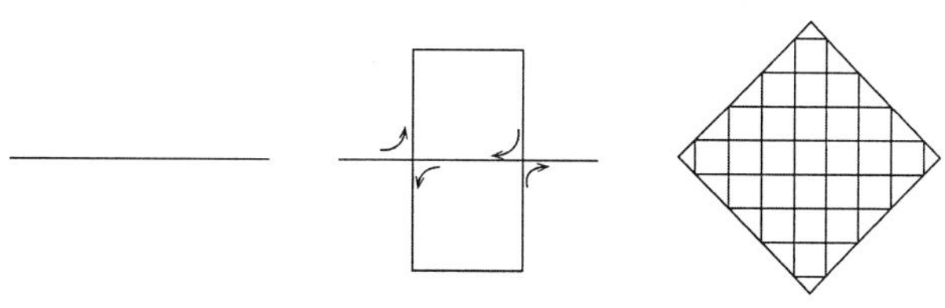

0단계 1단계 2단계

문제 1)

(1)

단계	0	1	2	3
선분의 수	1	9	81	729

(2) 9^n

(3) $\lim_{n\to\infty} 9^n = \infty$

문제 2)

(1)

단계	0	1	2	3
선분의 길이	1	$\frac{1}{3}\times 9$	$\frac{1}{9}\times 81$	$\frac{1}{27}\times 729$

(2) $\left(\frac{1}{3}\right)^n \times 9^n = 3^n$

(3) $\lim_{n\to\infty} 3^n = \infty$

문제 3) 조각의 길이는 $\frac{1}{3}$으로 축소되며 조각의 수는 9배로 늘어나므로 프랙탈 차원은

$\frac{\log 9}{\log 3} = \frac{2\log 3}{\log 3} = 2$이다.

10) **프랙탈 나무와 피타고라스 나무**

① **프랙탈 나무**

프랙탈 나무 그리기

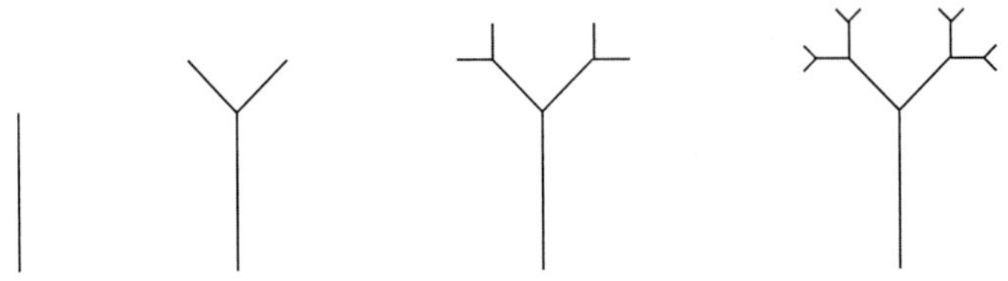

문제 1)

(1)

단계	0	1	2	3	4	5
가지의 수	1	3	7	15	31	63

(2) $2^{n+1}-1(n \geq 1)$

(3) $\lim_{n\to\infty}\{2^{n+1}-1\} = \infty$

문제 2)

(1)

단계	0	1	2	3	4	5
길이	1	$\frac{1}{2}$	$\frac{1}{4}$	$\frac{1}{8}$	$\frac{1}{16}$	$\frac{1}{32}$

(2) $\left(\frac{1}{2}\right)^n$

(3) $\lim_{n\to\infty}\left(\frac{1}{2}\right)^n=0$

문제 3)

(1)

단계	0	1	2	3	4	5
합	1	2	3	4	5	6

(2) $n+1$

(3) $\lim_{n\to\infty}\{n+1\}=\infty$

② **피타고라스 나무**

피타고라스 나무 그리기

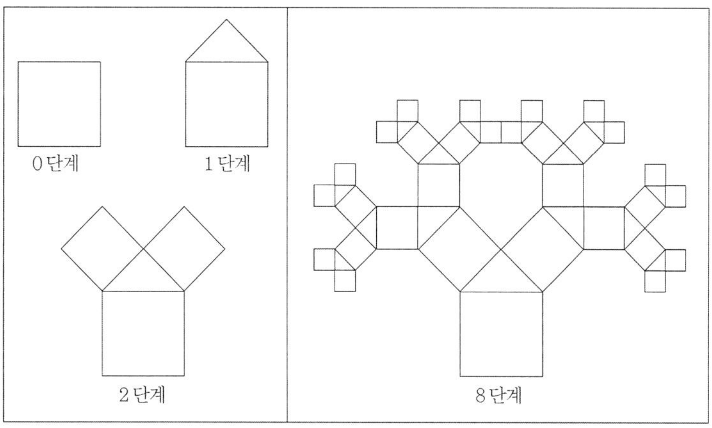

문제1)

(1)

단계	1	3	5	7	9	11
삼각형의 넓이	$\frac{1}{4}$	$\frac{1}{8}$	$\frac{1}{16}$	$\frac{1}{32}$	$\frac{1}{64}$	$\frac{1}{128}$

(2) 0에 가까이 간다.

문제 2)

(1)

단계	0	2	4	6	8	10
사각형의 넓이	1	$\frac{1}{2}$	$\frac{1}{4}$	$\frac{1}{8}$	$\frac{1}{16}$	$\frac{1}{32}$

(2) 0에 가까이 간다.

문제 3) 정사각형의 넓이의 합은 $1+1+1+\cdots$이고 삼각형의 넓이의 합은 $\frac{1}{4}+\frac{1}{4}+\frac{1}{4}+\cdots$이므로 이 둘을 합하면 무한대가 된다.

II. **카오스와 복잡성**

2. **카오스 게임**

카오스 게임 그리기

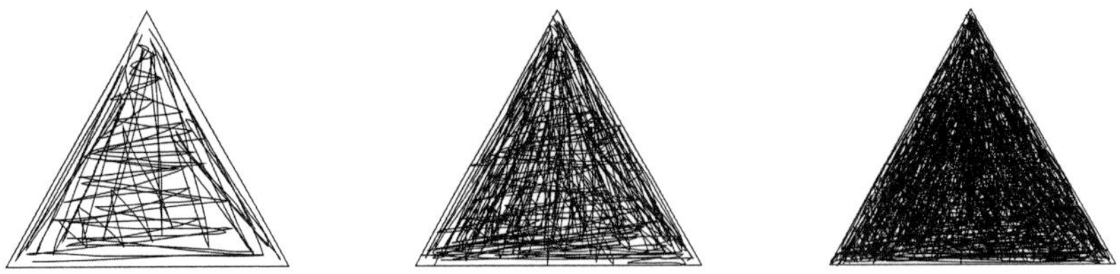

100회 500회 1500회

카오스 게임 중 점만 그리기

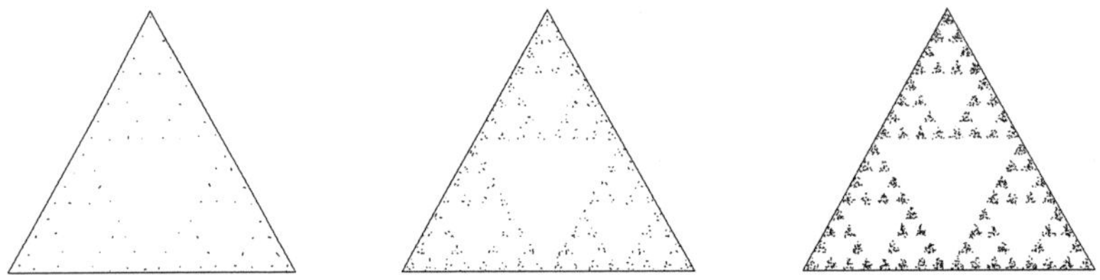

100회 500회 1500회

문제 1) 삼각형 LTR

문제 2) 카오스 게임의 횟수가 증가함에 따라, 삼각형 LTR을 채우게 된다.

문제 3) 점의 수가 증가함에 따라, 삼각형 LTR은 시어핀스키 삼각형이 된다.

참고문헌

권종오(2009). 「학교수학에서 프랙탈의 활용에 관한 연구」 영남대학교 교육대학원 석사학위 논문.

김민호(2003). 「사물놀이의 시각표현에 대한 연구 - 프랙탈을 이용한 시각적 표현 중심으로」 전북대학교 대학원 석사학위논문.

김세정(2009). 「프랙탈 기하학을 응용한 실험적 가구디자인 개발 연구」 이화여자대학교 디자인대학원 석사학위논문.

김순덕(1994). 「중등수학교육에서의 프랙탈에 대한 연구」 한국교원대학교 대학원 석사학위 논문.

김영태(2002). 「카오스 이론과 나비효과」 서울 : 내일신문 미즈엔.

김용운, 김용국(1998). 「카오스와 프랙탈의 세계」 서울 : 우성.

김용운, 김용국 글, 변영우 그림(1992). 「프랙탈 - 혼돈 속의 질서」 서울 : 동아출판사.

김철기, 김민정(2013). 「프랙탈 차원을 이용한 미술작품 비교 분석 - 몬드리안, 칸딘스키, 에셔, 잭슨폴록의 작품을 중심으로」 한국디자인포럼, 38, p.287 - 297.

김태균(2010). 「프랙탈 이미지를 활용한 입체 조형 연구」 경기대학교 대학원 석사학위논문.

남지희(2009). 「IFS 2.0을 활용한 프랙탈 기하교육」 성균관대학교 교육대학원 석사학위논문.

류시천, 윤찬종(2001). 「에셔(M. C. Escher) 작품의 프랙탈 속성에 관한 연구」 디자인학연구, 15(1), p.6 - 14.

박찬정(2009). 「프랙탈 경영전략」 서울 : 책든사자.

배수경(2008). 「만델브로트가 들려주는 프랙탈 이야기」 서울 : ㈜자음과모음.

서정미(2010). 「인터랙티브 키네틱 아트에서 프랙탈 자기유사성에 대한 연구 - Andreas Muller의 For All Seasons를 중심으로」 정보디자인학연구, 14, p.73 - 82.

서종현(2002). 「프랙탈 기하의 특성과 학교 수업에서의 활용」 수원대학교 교육대학원 석사학위논문.

설혜윤(2009). 「프랙탈의 활용한 학습이 수학적 태도에 미치는 영향」 경북대학교 교육대학원 석사학위논문.

신인선, 류희찬(2002). 「수학교사를 위한 프랙탈 기하」 서울 : 경문사.

안대영(2013). 「융합, 창의인성, 소통을 위한 프랙탈과 카오스」 서울 : 교우사.

윤정희(2003). 「고등학교 수학교육과정에서의 프랙탈 기하학의 활용」 건국대학교 교육대학원 석사학위논문.

이경희(2004). 「프랙탈기하의 중등학교 수학에서의 교육적 의의와 활용방안」 영남대학교 교육대학원 석사학위논문.

이고은, 김준교(2014). 「프랙탈 구조에 다른 이상 시의 텍스트 분석」 기초조형학연구, 15(3), p.263 - 270.

이난희(2010). 「프랙탈(fractal) 이론을 응용한 도자표현연구」 국민대학교 대학원 석사학위논문.

이명식(2009). 「건축디자인에서 프랙탈 기하학의 적용에 관한 연구」 대한건축학회논문집 : 계획계, 25(5), p.65 - 172.

이복순(2000). 「프랙탈 기하를 이용한 극한개념 학습 프로그램 개발 연구」 이화여자대학교 교육대학원 석사학위논문.

이영기(2012). 「기하학 캠프 : 피타고라스 정리에서 프랙탈까지, 도형에 관한 모든 것」 Mike Askew. The Bedside Book of Geometry. 서울 : 컬처룩.

이윤경(1999). 「카오스이론에서의 비선형성의 조형적 접근을 통한 환경디자인 모형사례연구」 이화여자대학교 대학원 석사학위논문.

이현아(2004). 「중등수학교육과정에서의 프랙탈의 이론적 배경과 수업방안에 관한 연구」 인천대학교 교육대학원 석사학위논문.

인영은(2006). 「중등수학교육과정에 따른 프랙탈 지도방안에 관한 연구 - <수학I>을 중심으로 - 」 홍익대학교 대학원 석사학위논문.

임명일(2004). 「Fractal 차원과 수학교육에서 fractal 개념의 활용」 목포대학교 교육대학원 석사학위논문.

최윤선(2009). 「고등학교 수학교과에서의 프랙탈 활용」 중앙대학교 교육대학원 석사학위논문.

최정남(2003). 「프랙탈 기하에 관한 연구」 홍익대학교 교육대학원 석사학위논문.

한명수(1993). 「카오스와 프랙탈」 야마구치 마사야 저(1986). 서울 : 전파 과학사

홍승필(2006). 「카오스 게임과 프랙탈을 이용한 수학 활동 학습자료 연구」 수원대학교 교육대학원 석사학위논문.

홍영란(2005). 「일상의 Chaos와 Fractal Pattern에 의한 Tessellation의 구현」 이화여자대학교 디자인대학원 석사학위논문.

황현진(2009). 「시각화 증진을 위한 교수학습 방법에 관한 사례 연구 - 프랙탈을 활용하여 -」 아주대학교 교육대학원 석사학위논문.

황희연, 송선기, 조진희(2011). 「도시의 공간 확장과 프랙탈 현상에 대한 도시간 비교분석」 국토계획, 46(7), p.115 - 133.

Bedford C. W.(1998). *Introduction to Fractals and Chaos*. Venture Publishing. p.34.

Peitgen, H., Jürgens, H., & Saupe, D. (1992). *Fractals for the Classroom - Part one Introduction to Fractals and Chaos*. Springer - Verlag : New York.

찾아보기

저자소개

김 인 경

• 한국교원대학교 대학원 수학교육학과 교육학 박사

• 현, 청주대학교 사범대학 수학교육학과 교수

교양수학시리즈 •2

프랙탈의 기초

초판3쇄발행 2023년 8월 10일

지은이 김인경
펴낸이 오판근
펴낸곳 (주) 교우
주 소 서울시 동대문구 약령시로 8 교우빌딩 2층 (주)교우
전 화 02-925-2861 / **팩 스** 02-925-2860, **편집부** 02-925-2825
홈페이지&북스토어 www.kyowoo.co.kr / **이메일** kyowoo@kyowoo.co.kr

등 록 1994년 3월 24일 제1994-000013호
ISBN 979-11-251-0185-7(94410) / 979-11-251-0069-0(세트)

Published by Kyowoo Co., Ltd. Printed in Korea

(주) 교우는 보다 혁신적이고 참신한 도서를 다양하게 기획하고 있습니다.
책으로 펴내고자 하는 아이디어나 원고는 메일로 보내주세요.
(주) 교우는 전과정을 책임지고 최선을 다하겠습니다.

값 12,000원

교우미디어는 (주) 교우의 Imprint 사입니다.
수학정원 · 과학정원은 (주) 교우의 새로운 브랜드명입니다.

잘못된 책은 구입하신 서점에서 교환해 드립니다.